培訓叢書㉓

培訓部門流程規範化管理

王小龍　編著

憲業企管顧問有限公司　發行

《培訓部門流程規範化管理》

序　言

　　對於各企業的培訓管理工作，只有統籌開展、協調運作，才能通過培訓投入獲得無限的培訓產出，本書從培訓體系設計的角度，將各個培訓事項納入體系設計的範疇中。

　　本書是專門針對培訓管理工作介紹一系列的相關工作重點，全書以工作流程為中心，將培訓管理相關的各個工作目標，進行分解並落實到具體崗位；並配以大量的辦法、制度、細則、表單、方案等實務工具範本，將培訓管理工作細化並落實到可執行的層面。

　　本書將培訓管理的工作目標，進行細分，落實到人，並指出具體工作明細表，以明確具體工作事項和權責。在內容方面，本書內容包括培訓組織設計、培訓需求分析、培訓體系建設、培訓預算編制、培訓計劃制訂、培訓課程開發、內部講師管理、培訓運營實施、E-learning運營、培訓效果評估、培訓管理工作。對於每一項工作內容，本書皆以流程展開各具體事項，便於推進具體工作，增強工作執行的效果，所提供的範本、範例，可以有效地幫助培訓管理工作人員有效地開展工作。

2011 年 8 月

《培訓部門流程規範化管理》

目　錄

第九章　晉級培訓體系的執行範本 / 285

第 1 章

培訓需求的執行範本

一、培訓需求的調查程序

（一）目的

　　為全面收集員工的培訓需求信息，制訂出切合公司實際情況的培訓計劃，達到提高員工工作效率、滿足公司長遠發展的目的，特制定本控制程序。

　　本控制程序適用於所有與公司基、中、高層管理人員及普通崗位員工有關的培訓需求調查工作。

（二）責任劃分

　1.培訓部

　(1)匯總、整理各部門提交的培訓需求意向。

　(2)明確培訓需求調查目標。

(3)根據培訓需求調查目標編寫培訓需求調查方案。

(4)組織實施培訓需求的具體調查工作。

(5)整理培訓需求調查資料。

 2.其他職能部門

(1)上報本部門的培訓需求意向。

(2)在培訓需求調查實施過程中，協助培訓部完成具體的培訓需求調查工作，如提供培訓需求的相關信息等。

（三）培訓需求調查實施

 1.培訓需求調查時間

培訓部要根據不同的培訓類型確定培訓需求調查時間，相關規定如下所示。

(1)針對公司年度培訓計劃制定的培訓需求調查工作，調查時間定於每年度的 12 月上旬進行，如遇特殊情況，培訓需求調查時間順延。

(2)針對某些業務技能方面的培訓需求調查工作，可以在正式培訓開始之前的 15～30 個工作日內進行，如遇特殊情況，培訓需求調查時間可以進行調整。

 2.培訓需求調查實施人員

針對不同類型的培訓需求調查其負責人員也不同，公司相關要求如下。

(1)針對公司年度培訓需求計劃制定的培訓需求調查工作，由培訓總監負責組織實施。

(2)針對某些業務技能方面的培訓需求調查工作，由培訓部

經理負責組織實施。

表 1-1　培訓需求調查方法表

調查方法	調查方法說明	優點	缺點
問卷法	它是指運用統一設計的問卷向被選取的調查者瞭解培訓信息和徵詢培訓意見的一種方法	1.費用低 2.可大規模開展 3.信息比較齊全	1.持續時間長 2.問卷回收率得不到保證
訪談法	它是通過培訓需求調查人員與被調查者面對面的談話來收集培訓需求信息資料的一種方法	1.方法靈活 2.信息直接 3.容易得到支持和配合	1.信息主觀性強，處理難度大 2.需要較高水準的訪談人員
觀察法	它是培訓需求調查人員在工作現場對被調查者的情況進行直接觀察、記錄，以便發現問題從而獲得培訓信息的一種分析方法	可以得到有關工作環境的信息以及瞭解關鍵性任務的完成情況	1.觀察結果只是表面的現象 2.需要較高水準的觀察人員 3.可能會影響被調查者正常工作
小組討論法	它是指為獲得培訓需求，培訓需求調查人員從被調查者中分別挑選業績最好、業績最差、業績一般的群體組成一個小組進行討論，通過討論確定培訓需求的一種方法	全面分析，有利於發現具體問題以及問題的解決方法	1.持續時間較長 2.討論小組的組織者需要具備良好的溝通和協調能力
測試法	它是通過測試方法(如現場操作、筆試、體驗等)發現培訓需求的一種方法	1.測試結果容易量化和比較 2.有助於確認問題產生的原因	1.測試結果無法展現實際工作中被調查者的行為態度 2.人數較少的測試結果僅適用於特定的情況

3.培訓需求調查方法

公司經常採用的培訓需求調查方法有五種，每種方法的說明以及優缺點如下表所示。

4.培訓需求調查實施要求

公司在開展培訓需求調查時，各個相關職能部門和人員要積極配合培訓需求調查的實施人員，提供完整的調查信息。在調查過程中，若發生不予配合的現象，公司將會按照公司的相關制度，對不配合的部門和人員進行相應的處理。

（五）相關文件與記錄

1.培訓需求調查方案。

2.培訓需求調查方法表。

3.培訓需求調查問卷。

心得欄 ---------------------------------------

二、培訓需求的分析程序

（一）適用範圍

為更有效地找出公司培訓的重點，提高培訓效果，減少不必要的培訓費用支出，特制定本控制程序。

本控制程序適用於公司培訓部開展的所有培訓需求分析工作。

（二）責任劃分

培訓需求分析工作由培訓部負責實施，其他職能部門要積極配合，並及時提供相關資料等。

（三）公司層面需求分析

公司層面的培訓需求分析主要是通過對公司的目標、資源、環境等因素的分析，準確地找出公司存在的問題與問題產生的根源。公司層面的需求分析如下表所示。

表 1-2　公司層面培訓需求分析表

分析項目	分析內容
目標	實現公司目標的政策和行動計劃
資源	公司的資金、人力以及時間資源等
公司特徵	公司組織結構特徵、文化特徵以及信息傳播特徵等
公司環境	公司環境分析主要從內部環境和外部環境兩方面進行，內部環境包括公司文化、公司的軟硬體設施、公司的運營方式、各種規章制度等；外部環境包括公司所在地的經濟、社會以及人文氣息等

（四）工作層面培訓需求分析

工作層面的培訓需求分析，主要是根據公司職位描述和任職資格所規定的工作執行標準，來尋找員工實際工作能力與相關要求之間存在的差距，從而確定培訓需求。工作層面培訓需求分析如下表所示。

表 1-3　　**工作層面培訓需求分析表**

分析項目	分析內容
工作規範	工作內容、工作責任、組織關係、工作量等
工作複雜程度	工作標準、工作特點、工作所需要的知識、工作技能以及注意事項等
工作環境	工作的物理環境、安全環境以及社會條件等
任職資格	工作崗位要求任職者所具備的教育培訓情況、知識、經驗以及心理素質等

（五）個人層面培訓需求分析

個人層面培訓需求分析主要指對員工的工作背景、年齡、個性、知識和能力等方面進行分析，找出員工現狀與相關要求之間的差距，以確定培訓對象、培訓內容以及培訓後應達到的效果。個人層面培訓需求分析如下表所示。

表 1-4　　**個人層面培訓需求分析表**

分析項目	分析內容
知識結構	員工的文化教育水準、職業教育培養、專項培訓等
能力水準	員工實際擁有的能力與完成工作要求的能力之間的差距分析
員工個性	員工個性特徵與職位要求的匹配程度分析
工作態度	員工的職業價值觀、工作認真程度和努力程度等

（六）整理培訓需求分析結果

培訓需求分析工作完畢後，培訓部人員將培訓需求分析結果用文字描述出來，撰寫正式的書面報告，以此作為開展培訓的正式文件。培訓需求分析報告一般包括以下七個方面的內容。

1.報告提要及報告要點的概括。

2.培訓需求分析實施的背景。

3.開展培訓需求分析的目的和性質。

4.概述培訓需求分析實施的方法和流程。

5.培訓需求分析的結果。

6.對員工培訓提供的參考意見。

7.附錄

包括收集和分析信息時用的相關圖表、原始資料等，其目的在於鑑定其收集和分析相關資料以及信息所採用的方法是否科學、合理。

（七）相關文件與記錄

1.培訓需求調查問卷。

2.公司層面培訓需求分析表。

3.工作層面培訓需求分析表。

4.個人層面培訓需求分析表。

5.培訓需求分析報告。

三、培訓的需求確認程序

（一）目的

為保證公司所開展的培訓活動能夠滿足各部門和廣大員工的真正培訓需要，規範培訓需求確認工作，結合本公司的實際情況，特制定本控制程序。

（二）適用範圍

本控制程序適用於培訓部對各部門的培訓需求確認工作以及相關事宜。

（三）責任劃分

1.培訓部的職責

(1)整理培訓需求分析報告，確定出在培訓調查過程中發現的各種培訓需求，並一一列舉出來。

(2)制定培訓需求排序標準。

(3)根據培訓需求排序標準，並按照排序標準對培訓需求進行排序。

(4)編制「培訓需求確認記錄表」，並與各部門進行培訓需求溝通與確認。

(5)根據培訓需求溝通與確認調整意見，進行培訓需求調整。

(6)報審相關部門已確認的培訓需求。

2.相關部門的職責

(1)積極配合培訓部相關人員進行培訓需求溝通與確認。

(2)及時提出培訓需求的調整意見。

（四）培訓需求確認控制

1.確定培訓需求

培訓部人員確定出培訓需求分析報告中所列舉的公司現階段的全部培訓需求，並將其分類。一般情況下，公司培訓需求主要分爲以下三大類。

(1)基本知識培訓需求

基本知識培訓需求內容主要包括公司企業知識、產品知識、完成本職工作需要的基本知識等。

(2)崗位技能培訓需求

崗位技能培訓需求的內容主要包括完成本職工作需要的工作技巧、工作方法以及相關工作能力等。

(3)職業素養培訓需求

職業素養培訓需求的內容主要包括員工的責任、忠誠度、敬業精神等。

2.制定培訓需求排序標準

由於公司基於成本的考慮，在某個特定的階段不可能滿足所有的培訓需求，因此，要根據公司的實際情況制定培訓需求排序標準。本公司的培訓需求排序標準有兩個，即培訓需求的緊迫程度和重要程度。根據這兩個標準可以將培訓需求分爲四類，如下圖所示。

圖1-1 培訓需求類型圖

3.確定滿足培訓需求的先後順序

培訓部人員根據培訓需求排序標準，確定出滿足培訓需求的先後順序。

(1)當培訓需求重要程度和緊迫程度均高時，該種培訓需求必須優先滿足。

(2)當培訓需求重要程度低但緊迫程度高時，該種培訓需求屬於應急型培訓需求，應排在第二位。

(3)當培訓需求重要程度高但緊迫程度低時，該種培訓需求可排在應急型培訓需求之後，但必須保證其實施的品質。

(4)當培訓需求重要程度和緊迫程度均低時，該種培訓需求可以最後滿足。

4.編制培訓需求確認記錄表

培訓部人員根據所確定的培訓需求滿足先後順序以及公司相關要求，編制「培訓需求確認記錄表」。

5.進行培訓需求溝通與確認

(1)培訓需求溝通與確認事項

本公司培訓需求溝通與確認的主要事項包括培訓目標、培訓內容、培訓對象、培訓形式、培訓時間、培訓地點以及培訓講師七個方面。

(2)培訓需求溝通與確認調整意見

在溝通與確認培訓需求時，相關部門負責人以及相關人員可以根據部門的實際情況，就培訓需求溝通與確認事項提出調整意見。培訓部人員負責將這些調整意見詳細地記錄在「培訓需求確認記錄表」上。

6.列出已確認的培訓需求

培訓需求溝通與確認完畢後，培訓部人員根據「培訓需求確認記錄表」的記錄信息，整理出各個部門已確認的培訓需求。

7.報審已確認的培訓需求

整理出各個部門已確認，的培訓需求後，培訓部人員要提交培訓部經理審核、培訓總監審批。審批通過後，培訓部人員根據已確認的培訓需求編制公司的培訓計劃。

（五）相關文件與記錄

1.培訓需求分析報告。

2.培訓需求排序標準。

3.培訓需求確認記錄表。

四、培訓需求的調查報告範本

（一）培訓需求分析背景

　　公司自成立以來，一直保持著較快的發展速度，然而隨著市場競爭的加劇，公司的競爭優勢也面臨著前所未有的挑戰。

　　＿＿＿＿年，公司制定了銷售年增長＿＿＿＿%、年利潤達＿＿＿億元的經營目標，使公司達成這一目標的前提之一就是建立起支持公司長期發展的人才培訓體系。根據培訓體系建設的要求，公司決定 2011 年度在公司範圍內開展培訓。為全面瞭解公司的培訓需求狀況，保證培訓的合理性和針對性，避免開展無效培訓，特進行此次培訓需求分析。

（二）培訓需求分析實施說明

　　為全面瞭解公司內部成員是否需要培訓、為什麼需要培訓、需要那些培訓等問題，由培訓部負責組織開展培訓需求分析，各部門積極配合培訓部做好培訓需求分析工作。

　　此次培訓需求分析的時間為＿＿＿年＿＿＿月＿＿＿日至＿＿＿年＿＿＿月＿＿＿日，活動範圍涉及公司的＿＿＿個部門＿＿＿名員工。在需求分析實施過程中，培訓部人員採用了訪談法、觀察法、問卷調查法、小組討論法及資料分析法等多種分析方法具體方法說明如下表所示。

表 1-5　培訓需求分析方法表

分析方法	實施對象	分析內容
訪談法	各部門管理人員	部門總體培訓需求狀況、公司高層管理者對培訓需求的認知程度和重視程度等
觀察法	一線操作人員	員工目前工作狀況以及工作中存在的問題
問卷調查法	各部門普通員工	員工期望的培訓內容、方式、時間、地點等
小組討論法	代表性成員所組成的小組	員工培訓需求產生的原因以及解決問題的方法
資料分析法	職位說明書、工作報告、日誌等相關資料	員工的年齡、文化、技術、能力等，以及職位要求的任職資格和員工實際能力之間的差距

（三）培訓需求分析結果

1.存在的問題

本公司員工在工作中主要存在以下問題，具體內容如下表所示。

表 1-6　公司發展存在的問題

人員構成	存在問題	解決辦法
銷售人員	銷售方法陳舊，緊迫感、危機感不足；銷售隊伍的工作狀態不佳，積極性不高	培訓
一線操作人員	一線操作人員年齡較輕、工作經驗有限，專業能力和綜合素質有待進一步提高	培訓
研發人員	缺乏優秀的管理人員	培訓和招聘

2.培訓需求調查結果

(1)員工對培訓內容的要求

工作年限較短的員工期望參加專業知識培訓(約佔員工總數的 12%)和工作技能培訓(約佔員工總數的 15%)；工作年限較長的員工期望參加管理培訓(約佔員工總數的 17%)和晉升培訓(約佔員工總數的 15%)。

(2)員工對培訓方式的要求

入職時間較短的員工更期望通過現場示範(約佔員工總數的 8%)、專門指導(約佔員工總數的 5%)的方式進行培訓；入職時間較長的員工中期望通過課堂講授的方式進行培訓佔據的比例較大(約佔員工總數的 18%)。

(3)員工對培訓地點的要求

在對員工培訓期望地點進行調查時發現,絕大多數員工(約佔員工總數的 85%)期望在專業的培訓基地進行培訓。

(4)員工對培訓時間的要求

員工對培訓時間的要求較爲分散,這將會加大集中開展員工培訓的難度。

3.解決方法

爲有效解決上述問題,培訓部主要負責人和各個部門相關領導共同商討解決問題的措施,並制定了相關的解決方案,其內容如下所示。

(1)培訓形式安排

爲綜合考慮不同類型員工對培訓形式的差異要求,在培訓中,將把多種培訓形式有機結合,以提高受訓員工的參與度與

實際培訓效果。

(2)培訓內容安排

培訓內容需要根據不同的培訓對象確定,對於公司普通員工的培訓內容,應側重於基本專業知識培訓和崗位操作技能培訓;對於公司管理人員的培訓,應側重管理知識培訓和管理技能培訓。

(3)培訓地點安排

在充分考慮培訓成本和培訓效果的情況下,公司＿＿＿年度的培訓將主要在公司的培訓教室和工作現場等地方進行。

(4)培訓時間安排

＿＿＿年度的培訓時間將儘量安排在工作日,避免佔用員工的休息時間,並在綜合考慮員工工作安排和個人期望的基礎上,分組進行培訓。

(四)其他說明

1.培訓資源

＿＿＿＿年度培訓工作組由公司培訓部的在職管理人員、業務精湛員工、公司外聘講師共同組成,同時,充分利用網路視頻教程、會議專題資料等充實培訓。

2.不可控因素

由於不可控因素的影響,在培訓實施過程中,培訓時間可能會無法完全保證,需要根據客觀情況的變化進行適當的調整。

報告人:＿＿＿＿＿

報告日期:＿＿＿年＿＿月＿＿日

五、新員工培訓需求的調查範本

（一）新員工培訓需求分析背景

公司自＿＿年＿＿月＿＿日至＿＿年＿＿月＿＿日共招聘應屆畢業生 75 人，內部升職人員爲 15 人，調崗人員共 10 人。其中，應屆畢業生佔新員工的 75%，升遷人員佔新員工的 15%，調崗人員佔新員工的 10%。

爲強化新員工教育培訓課程實施管理，並對新員工培訓工作做整體性規劃，瞭解他們的培訓需求，充分、有效地運用培訓資源，爲新員工培訓計劃制訂提供依據，公司管理層決定進行新員工培訓需求分析。

（二）培訓需求分析方法

本次新員工培訓需求分析以問卷調查法與觀察法兩種方法爲主。

（三）培訓調查結果分析

本次調查共發放調查問卷 200 份，收回有效調查問卷 200 份，結合培訓需求調查觀察表、職務說明書以及公司其他相關文件，可得出以下結論。

1.公司 94%的應屆畢業生想瞭解公司的發展狀況、企業文化、工作環境以及相關的工作程序等方面的內容。

2.公司 90%的升職人員感到管理技能欠缺且無法快速進入

新的角色。

　　3.公司 90%的調崗人員認爲他們對新工作崗位的工作技巧不熟練，會影響其工作效率。

（四）培訓內容設置建議

　　針對新員工對公司與崗位的熟悉程度的不同，建議設置三套不同的培訓內容體系。

　　1.應屆畢業生的培訓

　　按公司發展狀況、工作環境以及程序，對應屆畢業生的入職培訓分爲公司整體培訓、部門工作引導和實地培訓三個階段。培訓內容主要包括以下四個方面。

　　(1)公司的發展歷史以及現狀。

　　(2)公司的經營理念、企業文化、規章制度。

　　(3)企業的組織結構以及部門職責。

　　(4)工作崗位介紹、業務知識以及工作技能培訓。

　　2.升職人員的培訓

　　(1)崗位技能。

　　(2)管理技能。

　　3.調崗人員的培訓

　　(1)崗位基本知識。

　　(2)崗位工作技能。

（五）培訓時間

公司針對不同新員工的類型，為其安排的培訓時間是不同的，具體時間安排如下所示。

1.應屆畢業生的培訓時間為＿＿＿年＿＿月＿＿日至＿＿年＿＿月＿＿日。

2.升職人員的培訓時間為＿＿＿年＿＿月＿＿日至＿＿年＿＿月＿＿日。

3.調崗人員的培訓時間為＿＿＿年＿＿月＿＿日至＿＿年＿＿月＿＿日。

報告人：＿＿＿＿＿＿＿

報告日期：＿＿年＿＿月＿＿日

心得欄 ------------------------------

第 2 章

培訓預算的執行範本

一、公司培訓預算編制控制程序

（一）權責部門

為規範本公司培訓預算編制管理工作，確保公司培訓資金的合理使用，特制定本控制程序。

1.公司培訓部負責編制公司培訓預算。

2.公司財務部負責審核並調整公司培訓預算。

3.公司總經理擁有對公司培訓預算的最終審批權。

（二）收集培訓預算相關信息

1.培訓預算相關信息主要包括公司面臨的問題以及針對這些問題員工需要學習的內容，公司的發展目標以及為實現這些目標員工需要學習的內容，還包括公司現有培訓情況，如課程

內容、課時、授課方式、參與人數、費用、效果等內容。

表 2-1　公司問題及培訓需求信息

編號：　　　　　　　　　　　　　　　　日期：　年　月　日

序號	出現的問題	涉及部門	目前的實際績效	解決該問題所要求的績效	預期的培訓需要
1					
2					
3					
…					
備註					

表 2-2　公司已開展培訓課程信息

編號：　　　　　　　　　　　　　　日期：＿＿＿年＿＿＿月＿＿＿日

課程名稱	培訓對象		強制性		授課方式	培訓時間	培訓費用	培訓次數	課程更新		適用說明
	部門	人數	是	否					是	否	
表格使用說明	1.「人數」欄，填寫上全年該課程該部門培訓的總人數 2.「培訓時間」欄，填寫每期培訓需要的課時時間，超過一天的以天為單位，不足一天的以小時為單位 3.「培訓費用」欄，填寫每期的培訓費用，以元為單位 4.「培訓次數」欄，填寫全年培訓次數										

（三）確定培訓課程

公司培訓課程分爲現有的培訓課程和需要開發或購買的新課程兩種，培訓部可以依據「培訓課程信息確定表」來確定培訓課程。

表 2-3　培訓課程信息確定表

編號：　　　　　　　　　　　　　　　日期：＿＿年＿＿月＿＿日

培訓目標	培訓對象	培訓人數	建議課程	授課方式	培訓項目資源來源			強制性		預算
					現有課程	待開發	購買	是	否	(元)
備註										

填表人：　　　　　　　　　　　　　審核人：

（四）確定授課方法

影響授課方法確定的主要因素包括授課環境和授課方式。

1. 授課環境

授課環境一般包括獨立學習環境和小組學習環境兩種。

(1)獨立學習環境。這種授課環境適用於學員習慣於獨立完成任務、學員無法遠離工作去參加培訓、學員人數少且有充足的培訓場地、學員學習積極性高且能抽出很多時間學習的情況。

(2)小組學習環境。這種授課環境適用於需要學員合作進行的培訓。

2.授課方式

授課方式一般包括基於技術的方法和基於書面材料的方法兩種。

(1)基於技術的授課方式。這種方式適用的情況有：學員較多，課程開發時間較長但授課時間短；學員交通費用過多，公司需要減少交通費用；公司有能力支援基於技術的培訓；學員習慣基於技術的培訓方式。

(2)基於書面材料的授課方式。這種方式適用的情況有：培訓課程開發時間短；培訓課程開發預算少；學員習慣基於書面材料的學習方式；公司沒有足夠的能力支援基於技術的培訓。

在綜合考慮授課環境和授課方式的基礎上，培訓可選用講授法、研討法、視聽法、角色扮演法、案例分析法、戶外訓練法、遊戲模擬法、E-learning等授課方法進行。

（五）確定培訓課時

培訓費用預算主要是依據每門課程的課時進行核算的，影響課時的因素主要有以下四點。

1.課程內容的難易程度與複雜程度。

2.培訓課程採用的授課方法。

3.學員人數的多少。

4.公司對課時的要求。

（六）確定是開發、外包還是購買課程

1.內部開發：內部開發的適用條件有以下幾點。

(1)公司課程開發人員擁有豐富的課程開發設計專業知識。

(2)公司擁有充足的課程開發時間。

(3)公司內部具有課程內容專家，且擁有足夠的課程內容的專業知識。

　2.課程外包：課程外包的適用條件有以下幾點。

(1)需要教授的東西是公司所獨有的。

(2)若從課程供應商處購買，則費用更高。

(3)公司內部沒有開發該課程培訓所需要的相關專業知識。

(4)公司內部沒有足夠的時間自己開發課程。

(5)公司有充足的預算進行課程外包。

　3.購買課程：購買課程的適用條件有以下幾點。

(1)購買成本低於課程開發成本。

(2)在外部可以找到符合公司需要的課程，不需要量身定做。

(3)公司不具備開發課程所必要的人力、物力和財力等條件。

（七）確定公司培訓預算

(1)估算內部開發課程費用。

(2)估算外部購買課程費用。

(3)估算培訓實施費用。

(4)綜合評估培訓總費用預算。

二、公司培訓預算報批的程序

（一）目的

　　為規範本公司培訓預算報批管理工作，提高培訓資金的使用效益，特制定本控制程序。

（二）權責部門

1.公司培訓部負責編制公司培訓預算。
2.公司預算委員會和培訓總監負責審核公司培訓預算。
3.公司總經理負責審批公司培訓預算。

（三）提交公司培訓預算申請

　　培訓部編制初步公司培訓預算，填寫「公司培訓預算申請表」。

（四）調整公司培訓預算

　　培訓部根據預算委員會和培訓總監提出的審核意見和建議調整公司培訓預算。

（五）審批公司培訓預算

　　公司培訓預算經預算委員會和培訓總監審核通過後，提交公司總經理審批。

表 2-4　公司培訓預算申請表

編號	培訓類別	培訓人數	培訓費		差旅費		資料費		其他費用	
			總計	人均	總計	人均	總計	人均	總計	人均
1	綜合管理類培訓									
2	核心素質能力培訓									
3	崗位技能培訓									
4	專業知識培訓									
5	資格認證培訓									
6	新員工培訓									
7	外派培訓									
8	學歷教育培訓									
	合計									

預算委員會意見	（簽章）日期：＿＿＿年＿＿月＿＿日
培訓總監審核意見	（簽章）日期：＿＿＿年＿＿月＿＿日
總經理審批意見	（簽章）日期：＿＿＿年＿＿月＿＿日

三、公司培訓預算的使用程序

（一）目的

為規範本公司培訓預算使用管理工作，提高培訓預算的使

用率，特製定本控制程序。

（二）權責部門

1.公司培訓部負責公司培訓預算的使用。

2.公司財務部負責審核並監督公司培訓預算的使用。

（三）提交培訓預算使用申請

培訓部根據公司培訓預算和培訓項目使用費用填寫「培訓預算使用申請表」。

表 2-5　培訓預算使用申請表

培訓項目			培訓形式	□內訓 □外訓
受訓部門			培訓課時	
培訓費用總額				
培訓費用明細				
申請人		培訓部經理		財務部經理

（四）編制培訓預算使用報告

培訓部根據培訓預算使用情況編制培訓預算使用報告，詳細說明實際使用的培訓費用以及實際培訓費用與培訓預算的比較。

（五）調整公司培訓預算

1.培訓部根據培訓需要提出公司培訓預算更改要求。

2.財務部審核、平衡培訓預算調整計劃。

3.培訓預算調整計劃經財務部批准後，提交公司總經理審批，通過總經理審批後，由培訓部執行調整後的培訓預算。

4.若財務部駁回培訓預算調整計劃，則培訓部執行原來的培訓預算。

四、E-learning 培訓費用預算控制程序

（一）權責部門

爲規範本公司 E-learning 培訓費用預算管理工作，提高 E-learning 培訓預算的使用率，特制定本控制程序。

1.公司培訓部負責 E-learning 培訓費用預算管理工作。

2.公司財務部負責審核並監督公司 E-learning 培訓費用的使用。

（二）收集與培訓相關的各類數據

培訓部負責收集與培訓相關的各類數據，主要包括培訓有效期、學員數量、學員進行 E-learning 培訓所需要的學習時間、學員的平均日工資等。

1.E-learning 培訓費用預算是在培訓有效期內進行計算的。任何一項培訓都不可能永遠地持續下去，培訓總有一定的有效期，有效期的長短是由技術發展、課程內容改變以及商業需求變化等因素決定的。

2.在 E-learning 培訓中，課程開發的費用不會受到學員數量的影響。

3.確定學員進行 E-learning 培訓所需要的學習時間時,一般按照面授培訓所需時間的 50%來估算一個平均值。

4.計算學員平均日工資時要考慮各種福利和假期。

(三)確定課程設計與開發費用

1.E-learning 課程設計與開發費用與學員的數量無關,同一門課程開發出來後,可以供很多人學習。

2.課程設計與開發費用=總課時數×每個課時的開發費用。每課時的課程設計與開發的平均費用,是根據課程內容的設計開發難度以及使用者的要求來確定的。總課時數一般按面授時間的 50%計算。

(四)確定培訓實施費用

1.E-learning 培訓減少了傳統培訓中的差旅費、食宿費以及場地費等,在一定程度上也減少了學員的學習資料費。

2.在實施 E-learning 培訓過程中,所產生的費用主要是學員在培訓期間的工資及機會成本兩部份。

3.培訓期間的工資總額=學員日平均工資 X 培訓天數。

4.機會成本是指由於培訓而導致機會喪失從而失去的收入或增加的成本。

(五)確定培訓管理和維護費用

1.與傳統培訓相比,E-learning 培訓為公司節省了大量的人力、物力與時間成本。

2.E-learning 培訓管理和維護費用主要包括硬體和軟體的購買以及升級維護的費用，對學員進行技術支持的費用，以及課程更新和維護的費用。

（六）編制 E-learning 培訓費用預算

E-learning 培訓費用=培訓課程設計與開發費用+培訓課程實施費用+培訓管理和維護費用。E-learning 培訓費用預算如下表所示。

表 2-6　E-learning 培訓費用預算表

費用項目	費用明細	費用預算	備註
培訓課程的設計與開發	設計與開發課程的費用	元	
培訓課程的實施	學員在培訓期間的工資	元	
	機會成本	元	
培訓的管理和維護	購買和維護設備的費用	元	
	課程更新和維護的費用	元	
	對學員進行技術支援的費用	元	
合計			

五、培訓費用預算編制的範本

第 1 條　目的

為規範公司培訓費用預算編制管理，確保公司培訓資金的合理運用和培訓工作的有效開展，特制定本辦法。

第 2 條　適用範圍

本辦法適用於公司各部門培訓預算編制工作的管理和實施。

第 3 條　權責部門

1.培訓總監：總管公司培訓預算工作，制定公司培訓預算目標和要求。

2.培訓部：負責各部門培訓預算數的編制和管理；負責公司培訓預算數編制的實施和管理。

3.財務部：負責公司培訓預算支出金額的控制。

4.公司各部門：在培訓部的領導下編制部門培訓預算數，負責本部門培訓預算編制的具體事宜。

第 4 條　公司培訓預算編制分為兩級，即作為一級培訓預算單位的公司和作為二級預算單位的公司所屬部門。

第 5 條　公司級培訓預算編制由培訓部負責，培訓部應至少設三名專員，專項管理公司培訓預算編制工作。

第 6 條　部門級培訓預算編制由各部門負責，各部門應設置部門培訓預算專員管理部門培訓預算編制工作。

第 7 條　各部門經理負責監督本部門培訓預算編制工作的實施。

第 8 條　培訓部經理不僅負責監督本部門培訓預算編制工作的實施，還負責監督公司整體培訓預算編制工作的實施。

第 9 條　培訓總監下達培訓預算編制目標和工作指導。

第 10 條　培訓部根據培訓預算編制目標和要求，制定各部門培訓預算編制的具體目標和要求等詳細規定。

第 11 條 部門培訓預算編制專員收集本部門培訓需求及其他培訓預算編制的相關信息。

第 12 條 部門培訓預算編制專員根據公司相關規定及所收集的培訓信息編制本部門的培訓預算數。

第 13 條 部門培訓預算編制專員將培訓預算數提交部門經理審核。

第 14 條 部門培訓預算編制專員將審核通過後的部門培訓預算數上報培訓部。

第 15 條 培訓部綜合各部門的情況提出公司培訓預算數並提交財務部。

第 16 條 財務部根據公司年度培訓計劃提出公司培訓預算控制數，並下發培訓部。

第 17 條 培訓部根據財務部的公司培訓預算控制數，制定各部門的培訓預算控制數，並下發各部門培訓預算編制專員。

第 18 條 部門培訓預算編制專員根據培訓部的培訓預算控制數，修改本部門的培訓預算數。

第 19 條 部門培訓預算編制專員將修改後的部門培訓預算數提交部門經理審核。

第 20 條 部門培訓預算編制專員將修改後通過審核的部門培訓預算數提交培訓部。

第 21 條 培訓部根據各部門培訓預算數進行綜合整理，制定公司培訓預算數，並提交培訓總監審批。

第 22 條 培訓總監審批通過後，交財務部。

第 23 條 編制時間

預算編制工作一般在每年的 11 月中旬開始,各部門級預算編制單位應在 11 月底前將預算編制日程計劃報至財務部。

第 24 條　編制培訓預算時,公司可根據需要設立一定比例的不可預見費,作爲預算外支出,預算項目需將年度預算分解到季。

第 25 條　編制培訓預算時,若本年度培訓預算金額與上年度實際發生額相比差異在 18%以上,則須另外詳細說明差異原因。

第 26 條　培訓預算的調整

各部門預算一經批准,具有嚴格的約束力,除因不可抗拒的客觀情況發生而重大變化需要做預算調整外,任何人不得隨意變動或調整。如需調整,需經公司總經理批准方可執行。

第 27 條　編制培訓預算所需的各種表格由財務部根據實際需要制定並下發到各部門。

第 28 條　本辦法由公司培訓部制定,其修改、解釋權歸培訓部所有。

第 29 條　本辦法自總經理簽發之日起實施。

六、年度培訓費用的控制範本

第 1 條　目的

爲確保培訓費用控制在預算範圍內並得到有效利用,完善公司培訓費用管理,特制定本辦法。本辦法適用於對公司培訓相關費用的管理。

第 2 條　公司每年投入一定收入比例的經費用於培訓。培訓經費應專款專用，根據公司效益狀況可以適當調整數額。

第 3 條　公司培訓部根據公司培訓需求情況，於每年 12 月 15 日前向總經理辦公室提交下一年度的培訓工作計劃，隨附「培訓費用預算表」，詳細列明各項培訓費用明細。

第 4 條　申請每一具體培訓項目經費時，應隨附「培訓項目費用明細表」。

第 5 條　年度單項培訓費用預算表由培訓部提交總經理辦公室，由總經理審批通過後送財務部備案執行。

經總經理審批通過後送財務部備案執行。

第 6 條　公司財務部負責培訓費用使用情況的監督與回饋。

第 7 條　公司及部門組織的培訓

1.公司組織的培訓費用一般情況下由公司承擔。

2.對於上崗資格證書，初審費用由本人承擔，在為公司服務期間涉及的復審費用由公司承擔。如因個人原因未及時復審導致原資格證書失效，需重新辦理的，費用由本人承擔。

3.若公司安排培訓項目後，員工因個人原因經公司批准未參加而損失的費用，由員工和公司各承擔一半；否則，費用必須全部由該員工承擔。

第 8 條　員工個人參加的外部培訓

1.每年個人參加培訓費用的報銷額度見下表所示。

表 2-7　培訓費用報銷額度表

培訓分類		相關職位報銷比例			
		總監及以上	部門經理	主管	普通員工
本崗位專業及素質培訓、技能培訓、職稱培訓	2000 元以內	100%	90%	80%	70%
	2001～5000 元	90%	80%	70%	60%
	5001～9999 元	80%	70%	60%	50%
	1 萬～2 萬元(含)	70%	60%	50%	/
	2 萬元以上	60%	50%	40%	/

2.員工個人參加的培訓必須在培訓之前先到培訓部備案，未備案的培訓項目培訓部有否決權。凡經培訓部批准備案的培訓，在其結束、結業、畢業後，可憑學校證明、證書和學費收據，經培訓部核准，到財務部報銷。

3.報銷範圍包括入學報名費、學費、實驗費、書雜費、實習費、資料費及培訓部認可的其他費用。

4.非報銷範圍包括過期付款、入學考試費、儀器購置費、交通食宿費、文具費、輔助資料費(期刊)費、打字(複印)費。

5.主管及以上人員或在本公司任職滿兩年者，如因學習費用較大，個人難以承受，經總經理批准後可預支部份費用，但預支部份不得超過可報銷額度的 80%；如果該課程的培訓未通過考核或未取得應有證書,則預支費用須在一個月內全額歸還。

第 9 條　本辦法由公司培訓部制定，其修改、解釋權歸培訓部所有。

心得欄

第 3 章

培訓課程開發的執行範本

一、培訓工作的課程設計細化

一、適用範圍

本控制程序適用於公司經理級及以下員工的培訓課程設計。

二、課程設計原則

培訓課程設計應遵循實用性、針對性、可操作性、系統性的原則。

三、課程設計權責

1.各部門負責組織開發與本部門專業相關的培訓課程。

2.人力資源部審核各部門的培訓課程設計，總體負責培訓的日常工作安排。

四、課程設計立項控制

1.人力資源部以公司培訓課程目錄系統為指導,編制課程設計工作計劃。

2.課程設計工作計劃列入公司「年度培訓建設計劃」。

3.人力資源部列入「年度培訓建設計劃」的課程設計項目應明確課程名稱、培訓對象、培訓目標、培訓課程主要內容、開發週期、項目責任人等,視為課程設計立項。

4.公司已經擁有課程的教材(講義)、教學大綱、習題集等完整文檔資料的,不屬於課程設計範疇,不予立項。

五、項目實施計劃

1.課程設計項目立項後,由人力資源部下達「課程設計項目任務書」,確定課程設計項目負責人。

2.項目責任人擬訂「課程設計項目實施計劃表」,該計劃應包括項目參與人、教材(講義)方案、主要教學方式、工作安排、完成時間、項目相關經費預算等,經人力資源部組織審核通過後生效。

3.對於重大課程設計項目,項目責任人可以組建項目小組。

六、培訓課程設計過程控制

(一)培訓課程內容要求

1.培訓課程內容選擇要與公司生產經營活動相關,能反映公司生產經營的實踐要求,並適應公司生產經營的發展趨勢。

2.培訓課程既要滿足學員的興趣,又要滿足培訓需求。

3.培訓課程類型應多樣化,將學科課程、活動課程、核心課程、模塊課程有機結合,以提高學員學習的興趣和動力,以

達到培訓效果。

　4.培訓課程設計必須包含課程大綱、培訓師手冊等內容。確定後的課程大綱、培訓師手冊需交人力資源部審核批准後方可作為培訓教材使用。

　(二)項目難度係數確定

　1.課程設計項目難度係數從工作量、創新性、開創性、課程內容深淺程度、開發品質等因素進行評估。

　2.課程設計項目難度係數由項目成果評審會評委評估，並填寫「課程設計項目難度係數評估表」。

　(三)培訓課程設計方式

　公司根據培訓目的和要求組織設計課程。當各部門設計的課程無法達到要求或自主設計的課程成本太高、週期太長時，也可考慮通過人力資源部引進或委託學院進行培訓課程設計。

　(四)培訓課程設計流程

　1.人力資源部在各部門的配合下對培訓需求狀況進行調查，瞭解員工的培訓需求狀況。

　2.人力資源部與各部門根據培訓需求調查情況、課程目標、課程對象等內容討論確定培訓課程大綱。

　3.各部門按照培訓課程大綱的安排選擇培訓課程設計的方式，完成培訓課程設計。

　4.人力資源部審核培訓課程大綱、培訓師手冊等內容。

　5.按照培訓計劃組織實施培訓。

　(五)培訓課程重新設計規定

　當培訓課程設計中出現以下情況時，需對課程進行重新設

計。

1.培訓課程內容不適應公司的發展要求。

2.培訓課程內容不符合當前知識的發展趨勢。

3.培訓效果評估顯示課程內容不能滿足提高工作績效的要求。

七、課程設計成果管理

課程設計成果包括課程設計項目實施完畢後，交人力資源部驗收的全部文檔資料，具體有教材(講義)、教學大綱、習題集等內容。

(一)教材管理

1.通過外購教材可以基本滿足教學要求，原則上外購。

2.若外購教材不能完全滿足教學要求，由項目責任人提出建議，在外購教材的基礎上編寫補充教材(講義)。

3.若教材(講義)無法外購時，由項目責任人提出教材編撰方案，組織相關人員自主編撰。

(二)教學大綱管理

教學大綱的主要內容包括課程任務、教學目的和要求、教學方法與手段、課程內容、教學重點和難點、教學設施和教具、實驗實習安排以及學時分配等。

(三)習題集管理

公司所有課程設計項目均應按照「課程設計項目任務書」的要求編撰單獨成冊的習題集。

(四)成果驗收控制

1.人力資源部組織項目成果評審會，由公司人力資源部人

員和相關主管擔任評委。

2.在規定的驗收時間前，項目責任人可申請提前評審驗收。

3.評審會議前 1 週，評委先審閱項目成果，提出評審意見。

4.評審會中，由課程設計項目負責人講解項目成果，回答評委的提問。

5.經評委討論，由評審會主持人提出評審結果，其主要包括以下 3 種結果。

(1)無修改意見，一致通過驗收。

(2)有少量修改意見，修改後原則上可以視為通過驗收。

(3)修改較大，不能通過驗收，返回項目負責人做出修改或重做後，再次進行評審。

6.驗收通過後，項目成果移交人力資源部，該課程可進入實施環節。

八、課程設計費用控制

課程設計經費由人力資源部按照項目核算和管理，包括課程設計人員的報酬、教材資料和教學設施購置費等項目。

(一)課程設計人員報酬

1.課程設計人員報酬在項目成果驗收通過後，由人力資源部統一核算發放，計算公式如下。

課程設計人員報酬＝課程難度係數×課程設計人員報酬標準

2.開發人員報酬包括開發人員勞務費、差旅費、通信費、辦公費等，由項目責任人自行開支。

3.課程設計人員報酬標準由人力資源部每年擬訂一次，報總經理審批通過後施行。

4.以項目小組形式進行的課程設計人員報酬由項目責任人主持使用和分配。

（二）教材資料和教學設施購置費

公司教材資料和教學設施購置費實行請購審批報銷制。

九、課程設計獎懲控制

（一）項目延遲處理規定

1.為保證課程設計進度，如果課程設計超過「課程設計項目任務書」規定的驗收通過時間，每延遲1週，公司按課程設計人員報酬標準的3%扣除課程設計人員的報酬。

2.延遲超過1個月後，每延遲1週，公司按課程設計人員報酬標準的10%扣除課程設計人員的報酬。

3.延遲超過2個月的，無報酬。

4.延遲超過3個月的，取消該次「課程設計項目任務書」，且影響課程設計人員的考核成績。

（二）項目評優

每年年末，公司根據課程設計成果品質和該課程首次培訓實施效果，評選「優秀課程」，對評選為「優秀課程」的設計人員給予一次性獎勵。

十、相關文件與記錄

1.年度培訓建設計劃。

2.課程設計項目任務書。

3.課程設計項目實施計劃表。

4.課程開發項目難度係數評估表。

5.培訓教材。

6.教學大綱。

7.習題集。

8.培訓課程設計項目評估表。

9.其他。

二、培訓課程案例説明

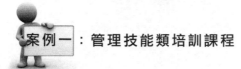

案例一：**管理技能類培訓課程**

　　××公司是一家大型企業，成立於 1998 年，目前員工人數有 1500 多人，年產值 2。隨著市場的競爭越來越激烈，××公司的整體效益出現下滑趨勢。

　　公司對中層管理人員進行年度培訓需求調查，瞭解到其在現任管理崗位上的人員工作時間較短，並且大多從基層管理崗位或各部門的業務骨幹中提撥而來。經培訓需求調查分析，公司把溝通能力的提升列為中層管理人員需要培訓的重點內容之一，並組織設計開發此類培訓課程。課程需求分析：

（一）調查對象
公司各職能部門的主要負責人共計 40 人。

（二）調查方式
　　公司採用訪談和問卷調查的方式對中層管理人員的課程需求進行分析。

1.訪談

訪談對象除了對公司各職能部門的負責人分別進行面談外，還需與公司部份高層以及下屬人員就這 40 人平時的工作表現進行面談並對所談內容保密。

2.問卷調查

問卷調查共發出 40 份，回收有效問卷 35 份。

(三)學員分析

1.任職時間

從表 3-1 可以看出，50%的中層管理者到現任崗位的任職時間不足一年，這足以說明其管理、溝通技巧有待提高。

表 3-1　任職時間調查表

任職時間	1～6個月	6個月～1年	1(含)～2年	2年以上
中層管理者人數	4	16	8	12
所佔比例	10%	40%	20%	30%

2.學歷情況

表 3-2 是對中層管理人員的學歷調查情況，從中可以看出具備本科和專科學歷的人員是中層管理者的主力軍，因此在課程設計的過程中應注意他們的學歷情況。

表 3-2　中層管理者學歷狀況表

學歷	博士	碩士	本科	專科	職高
中層管理者人數	2	5	18	10	5
所佔比例	5%	12.5%	45%	25%	12.5%

3.學習態度

通過對調查問卷的分析可以發現，中層管理者的學習動機很明確：在目前的管理工作中，公司對他們的溝通能力要求很高，因此需要進行這項能力的培訓。

(四)職務分析

通過查閱公司的職務說明書和績效考核資料，並通過與中層管理者的談話，發現有效溝通對中層管理者的工作顯得尤為重要，不僅體現在與上級和下級的溝通，還有與重要的客戶之間的溝通。

(五)解決方案

通過對中層管理者個人和職務的分析，發現中層管理者很需要這項培訓。根據公司目前現存的課程資料以及現有的人員，可以開發「高效溝通」這門培訓課程。

大多數中層管理者是專科以上學歷，因此在設計課程時應注意學員的學習能力，設計適合他們的授課方式和課程內容。以下是「高效溝通」的課程大綱。

表 3-3 「高效溝通」課程大綱

課程名稱	中層管理人員高效溝通培訓課程			
課程對象	公司各職能部門的負責人			
課程目標	・能夠描述人與人在溝通中存在的障礙 ・熟練掌握溝通中必要的技巧和心態			
課程特點	・講師的角色是教練和促進者的角色 ・以大量的現實生活和工作中存在的問題爲主線進行講授			
課程內容	單元	構成	內容	時間
	第一單元 溝通	・溝通現狀 ・阻礙溝通 　要素	・錯誤溝通的影響 ・溝通能力的診斷 ・溝通是什麼 ・聽/說體驗活動 ・阻礙溝通的因素	2小時
	第二單元 積極傾聽 技巧	・關注 ・確認事實 ・共鳴	・確認事實概念 ・換一種對話方式 ・共鳴三階段 ・感情(感覺)確認實習	4小時
	第三單元 有效表達 技巧	・有效表達 ・提問/回答	・有效的表達方法 ・我的信息/您的信息 ・有效的提問要領/實習 ・封閉型/開發型提問 ・封閉型/開放型提問轉換/活用	6小時
授課講師	公司內部專業的培訓師			
授課方式	講解＋故事＋遊戲＋現場情景模擬			
課程時間	培訓時間爲2天，××××年××月××日～××日，總課時爲12小時			
授課地點	公司內部的專門培訓教室			

案例二：職業素養類培訓課程案例

以下為××公司生產線人員「綜合素質培養」培訓課程設計案例，供讀者參考。

· **課程名稱**

生產線人員綜合素質培養。

· **課程目標**

瞭解公司發展的基本情況，瞭解公司對員工行為素養的要求，牢記生產過程中主要的規章制度。

· **授課時間**

課程總時長為 5 小時。

· **課程內容**

「綜合素質培養」培訓課程的具體內容見表 3-4。

· **授課方式**

採用培訓師集中面授的方式。

· **培訓場所**

公司第二會議室和生產現場。

· **課程設計素材**

表 3-4　生產線人員「綜合素質培養」培訓課程內容表

課程單元分配	單元內容細化說明	授課時間
第一單元 認同感和 忠誠度培養	1.公司歷程和企業文化介紹 2.公司戰略和企業精神介紹 3.公司近三年的產品銷售情況 4.各分公司、產品銷售網路以及新工廠建設情況 5.公司主要產品種類及各產品的市場競爭優勢	1小時
第二單元 職業道德和 素養提升	1.良好的個人衛生習慣 2.良好的團隊合作精神 3.強烈的工作責任心 4.無條件的、完全的執行力 5.良好的職業認同感和歸屬感 6.明確工作責任，服從工作分配	2小時
第三單元 遵規守紀 意識提升	1.明確遵守操作規程和規章制度的重要性和必要性 2.主要規章制度包括廠區環境保潔制度、生產工廠清潔消毒制度、生產設備及工具等的清潔消毒制度等	2小時

(一)培訓故事

「綜合素質培養」課程培訓故事 1

　　五歲的漢克和爸爸、媽媽、哥哥一起到田間幹活，突然下起雨來，可是他們只帶了一件雨披。

　　爸爸把雨披給了媽媽，媽媽給了哥哥，哥哥又給了漢克。

漢克問道：「為什麼爸爸把雨披給了媽媽，媽媽給了哥哥，哥哥又給了我呢？」

爸爸回答道：「因為爸爸比媽媽強大，媽媽比哥哥強大，哥哥又比你強大呀，我們都要保護比較弱小的人。」

漢克左右看了看，跑過去將雨披撐開擋在了一朵在風雨中飄搖的嬌弱的小花上面。

「綜合素質培養」課程培訓故事2

美國加州的紅杉非常高大，它們的高度大約相當於30層樓那麼高。

一般來說，越是高大的植物，它的根應紮得越深，但科學家奇怪地發現，紅杉的根只是淺淺地浮在地表而已。通常，根紮得不深的高大植物多是非常脆弱的，只要一陣大風就可能把它連根拔起，更何況是紅杉這麼高大的植物呢。

但事實並非如此。原來，紅杉實際上是一大片的紅杉林，這片紅杉的根緊密相連，一株連著一株，即使是再大的風，也無法撼動幾千株根部相連、上千公頃的紅杉林。紅杉的淺根也正是它能長得如此高大的利器。它的根浮於地表，便於快速而大量地吸收植物賴以成長的水分，使自身能夠快速、茁壯地成長起來。同時，它又不需要耗費太多的能量，像一般植物那樣紮下深根。

(二)團隊合作的遊戲

遊戲的內容見表 3-5。

表 3-5　團隊合作遊戲實例

人數	15人	時間	20分鐘
場地	戶外空地	道具	3根繩子，分別長20米、18米、12米
遊戲步驟	1.培訓者將參訓學員分成3組，保證每組5人 2.發給第1小組20米長的繩子、第2小組18米長的繩子，第3小組12米長的繩子 3.用眼罩把所有人的眼睛蒙上，然後規定第一組圈出一個正方形，第二組圍成一個三角形，第三組圈成一個圓形 4.讓各組成員聯合起來用繩子搭建一座房子，房子的形狀要由以上三個圖形組成，並且看上去要比較漂亮		
問題討論	1.對3組的任務分別進行比較，看那一組任務較易完成，爲什麼 2.在完成第二個階段的任務時，大家會遇到什麼困難？如何解決		

案例三：問題解決類培訓課程

以下爲「問題解決」培訓課程設計案例，供參考。

生產主管及骨幹員工「問題解決」培訓課程設計

‧ **課程名稱**

基層管理人員「問題解決」培訓課程。

‧ **課程目標**

1.記述、提升問題解決的各項能力。

2.列舉解決問題常用的工具。

3.利用所學的知識明確自身工作的不足,並找出解決方案。

・課程特點

1.運用大量的解決問題的工具,快速掌握解決問題的技巧。

2.運用案例,在培訓現場直接解決困擾個人與組織的問題。

・培訓對象

本課程適用於公司的所有生產主管人員及骨幹員工。

・課程時間

總課時為 12 小時。

・課程內容

課程內容和課時安排見表 3-6。

表 3-6　課程核心內容及課時一覽表

單元分配	核心內容	課程時間
第一單元 提升問題 解決的能力	識別能力、分析能力、溝通能力、行動能力、方法技巧運用能力、學習能力	3小時
第二單元 問題解決的 工具	・5W1H解決問題的工具 ・6σ解決問題的工具 ・PDCA解決問題的工具	3小時
第三單元 如何挖掘和 解決生產中 存在的問題	・生產中存在大量問題卻為何視而不見,解而不除 ・影響問題發現與解決的10大錯誤觀念 ・面對問題的心態 ・管理人員思考與解決問題的5個維度 ・如何從人、機、物中找出問題,消除浪費現象 ・如何與相關部門及時、有效地協作、解決問題	6小時

· **時間安排**

培訓時間為 2 天，具體的時間安排見表 3-7。

表 3-7　培訓時間安排表

總體日程	時間	活動安排	場地
第一天	8：00～10：00	培訓課程	教室
	10：00～10：20	休息	自由
	10：20-12：00	培訓課程	教室
	12：00～12：45	午餐	餐廳
	12：45～14：00	午休	休息室
	14：00～17：00	培訓課程	教室
	17：00	結束本天培訓	
第二天	9：00～11：00	實地工作指導	生產工廠
	11：00～12：00	午餐	餐廳
	12：00～13：00	午休	休息室
	13：00～15：00	培訓課程	教室
	15：00～15：20	休息	自由
	15：20～17：40	培訓課程	教室
	17：40	結束本天培訓	
備註	具體時間和地點如有變化，另行通知		

· **課程實施所需的文本和表單**

1.講師手冊。

2.學員手冊。

3.課程調查評估表。

· **講師手冊**

開場白工作指導內容見表 3-8。

表 3-8　開場白工作指導

主題	開場白	時間	15分鐘	授課方式	講解
目的	明確本課程的主要內容和課程中的紀律問題				
所需資源	電腦、投影儀、寫字筆、寫字板和活頁掛圖				
講師講解	今天的課程主要講問題的分析與解決。本課程包括3方面的內容，即提升問題解決的能力、問題解決的工具和如何挖掘生產中存在的問題。在上課之前，先講一下課堂紀律： 1.遵守上課時間，不遲到，不早退 2.手機調至靜音狀態 3.課堂上不准接打電話 4.不要在課堂上隨意走動 5.禁止吸煙，不得大聲喧嘩 6.積極參與討論，發表觀點 7.在非自由討論時間想要提問的學員，請使用提問便條				

· **學習分組（課程導入）**

學習分組工作指導見表 3-9。

表 3-9　學習分組工作指導

主題	學習分組	時間	25分鐘
目的	學員之間相互熟悉，提高學習積極性，活躍氣氛，在上課之前對學員進行分組		
所需資源	寫字板、寫字筆		
分組程序	1.按座位將學員分成幾個小組 2.每組定出自己的小組名稱和四字口號 3.每組推選出一名組長 4.小組成員提出對課程的期望 5.組長代表小組解釋組名和口號的含義，並總結小組成員對課程的期望 6.最先完成任務的小組是第一名，他們將獲得小禮品		

心得欄 _____

_____

_____

_____

_____

_____

三、培訓課程設計表格

（一）課程設計項目實施計劃表

表 3-10　課程設計項目實施計劃表

課程開發項目名稱		項目責任人	
項目參與人		開發週期	
教材（講義）方案			
主要教學方式			
工作安排	時間段	工作內容	
	項目完成時間		
教材資料和教學設施購置費用預算	序號	費用項目名稱	費用預算金額
	購置費用預算合計		
人力資源部審核意見欄			

(二)課程開發項目難度係數評估表

表 3-11　課程開發項目難度係數評估表

課程（項目）名稱				評分人	
評估維度	權重		評價標準		評分
工作量	20%				
創新性	20%				
開創性	20%				
課程內容深淺程度	20%				
開發品質	20%				
總評分（難度係數）					

四、培訓內容開發的控制流程

（一）適用範圍

為提高培訓內容的實用性和針對性，降低課程內容開發失敗的風險，特制定本控制程序。

本控制程序適用於公司培訓部所有自主開發課程的培訓內容的開發。

（二）責權劃分

1.培訓部全權負責所有培訓課程內容的開發工作。

2.其他相關部門協助培訓部做好培訓內容開發工作。

（三）培訓內容開發實施

1.確定培訓內容選擇標準

爲能夠選擇出實用性和針對性強的課程內容，培訓部人員要遵循以下課程內容選擇標準。

(1)能夠體現提高員工整體綜合素質的目的。

(2)充分體現課程目標的要求。

(3)真正適應員工培訓需求的需要。

(4)充分反映最新的理論成果。

2.列舉所需培訓的內容

課程設計人員根據企業培訓需求調查結果、員工培訓需求訪談結果、員工學習背景以及學習需求，列舉出員工所需要的培訓的全部內容，如知識培訓內容、技能培訓內容和職業素養培訓內容等。

3.收集相關資料

課程設計人員應該收集已存在的與企業所開設課程相類似的培訓課程資料，以保證企業所於開設課程內容的全面性、針對性和實用性。課程設計人員應該收集的資料範圍大概有以下幾點。

(1)公司以前所開發的類似的培訓課程資料。

(2)外部培訓機構或其他企業所開發的近似課程或相同課程等。

(3)其他相關課程資料。

4.確定培訓內容

在確定培訓內容的時候，應首先考慮員工相關的學習背景

和學習需求。課程設計人員所確定的培訓內容應包括以下兩大部份。

(1)必不可缺少的內容，即員工必須要瞭解的內容。

(2)擴大知識面的內容，即一些員工應該瞭解的內容，以及可以幫助員工理解和應用所培訓的內容。

5.培訓內容排序

培訓內容組織要有條理、符合邏輯，具體的培訓內容排序原則有以下幾點。

(1)從簡單到複雜。將培訓內容從簡單到複雜的排列可以使員工能夠更好地接受並理解所學內容。

(2)從已知到未知。讓員工先接觸已知或已熟悉的話題，當他們的理解力達到一定水準後，就比較容易理解更複雜的問題和知識，以便更好地提高學員的理解力。

(3)採用已有的一些較合理的編排模式。課程設計人員應根據培訓內容的實際特點選擇合理的編排模式，這種模式有可能是按照時間順序，也有可能是按照話題或者學習風格等進行編排的。

6.劃分培訓內容單元

為把培訓內容變成可以進行教學的培訓課程成品，課程設計人員應把全部培訓內容「單元化」，即要把內容組織成模塊的形式。

7.編寫教材

課程設計人員將培訓劃分為培訓單元後，再根據實際培訓需求編寫培訓課程大綱、講師手冊、學員手冊、學員練習冊等。

五、培訓課程開發評估的控制流程

（一）目的

爲加強對課程開發的評估管理，提高課程開發品質，確保培訓目標的實現，特制定本控制程序。

（二）適用範圍

本控制程序適用於公司所開發的經理級以下所有的員工培訓課程評估。

（三）課程開發評估原則

課程開發評估要遵循以下三個原則，具體內容如下表所示。

表 3-12　課程開發評估原則

序號	原則名稱	原則內容
1	科學性原則	進行課程開發評估時，要充分考慮到培訓課程開發與管理的實際，評估內容要全面、突出重點；評估的操作要有詳細說明，評估過程儘量做到客觀、公正、實事求是
2	多元性原則	課程開發評估內容既要注重課程開發工作的過程性，又要強調課程培訓的效果以及評價方式、方法的多樣性
3	定量和定性相結合的原則	公司進行課程開發評估時，採用定性評估方法和定量評估方法相結合的原則，以達到對課程開發全面、客觀的評價，從而爲修訂和改善課程提供了可靠信息

（四）課程開發評估實施

1.成立評估小組

(1)成員組成

評估小組成員包括培訓總監、培訓部經理、培訓主管、公司各部門經理以及主管、培訓專員等，其中，培訓總監擔任小組組長。

(2)主要職責

評估小組的主要職責就是對公司所開發的課程進行評估，提出課程改進意見和方案，不斷提高課程品質，確保培訓效果的最大化。

2.組織課程試講

評估小組組織課程試講與研討，試講課程的目的在於對所開發的課程進行實操性演練，以判斷課程是否達到預計的培訓目標和培訓效果，課程試講的採用形式和參加人員如下表所示。

表 3-13　課程試講實施內容一覽表

實施事項	事項說明
採用形式	小規模內部試講，按照正式授課的要求開展試講
參加人員	內部講師、培訓對象代表、外請課程專家、評估小組全體成員
說明	若培訓對象包含不同層級、不同部門的人員，則可以針對不同的學員安排多次試講

3.確定評估內容

課程開發的評估內容，主要包括以下八個方面，具體內容如下表所示。

表 3-14　課程開發評估內容一覽表

評估項目	評估說明
培訓需求分析	培訓需求分析是否充分
	培訓課程需求對於認知、情感或精神方面的判斷是否準確
課程目標	課程目的語言表述是否清晰明確
	課程目標同課程內容是否相匹配
	課程目標是否切合培訓對象的現實培訓需求以及未來培訓需求的需要
	課程目標是否可以提取課程培訓考核標準和方式
課程名稱	課程名稱是否能夠讓培訓對象清晰地瞭解課程主要講授的內容
課程內容	課程內容是否從寬度和廣度上緊密圍繞課程目標進行設計
	課程內容是否符合實際工作環境和工作的需要
	課程內容是否易於被培訓對象接受
課程單元設計	課程單元內容和方法是否同整體課程的目標匹配
	課程單元授課材料和方法是否在課程整體設計的規劃範圍內
課程整體設計	課程整體設計是否與培訓需求相關並保持一致
	課程各單元之間是否存在交叉和重覆的情況
	課程各單元時間安排和課程實施地點安排是否恰當
授課方式	授課方式是否能夠切合課程內容的需要
	授課方式是否能夠激發培訓對象的積極性，使其更好地接受授課內容
課程時間	課程時間是否符合培訓對象和課程內容的特徵

4.設計課程開發評估工具

在設計課程開發工具時，評估小組的成員根據所評估的內容特點，設計出合適的課程開發評估工具。公司所設計的課程開發評估工具一般有評估問卷、訪談表、觀察表等。

為提高課程開發評估工具的品質，在設計課程開發工具時，需要遵循以下四個原則。

(1)目標導向原則

在設計評估工具時，要始終圍繞課程的目標進行設計。這一原則要求在設計課程開發評估工具時，首先要對課程目標進行分解，然後依據各個分解目標設計評估工具。

(2)內容有效性原則

在設計課程開發評估工具之前，要仔細考慮評估工具必須具有什麼樣的功能，然後依據其應具有的功能展開設計。

(3)內容完整原則

所設計的課程開發評估工具所提供的信息必須要能夠反映課程所有內容。若評估工具不能反映所有的課程內容，則此工具就不能反映培訓課程的真實有效情況。

(4)格式簡單原則

課程開發評估工具要盡可能簡單，使其易於理解和使用。

5.收集評估信息，並進行分析

(1)收集評估信息

課程開發評估小組組織人員對參加課程試講和研討的人員進行訪談，以便獲得他們對所開發的培訓課程提出的課程改進建議等。

⑵分析評估數據

在分析課程開發評估數據時，可以採用趨中趨勢分析、離中趨勢分析和相關趨勢分析等統計分析方法。

6.編寫課程開發評估報告

課程開發評估工作完成後，評估小組組長要編寫課程開發評估報告，該報告一般包括以下四個方面的內容。

⑴課程開發評估背景簡述。

⑵課程開發評估實施過程說明。

⑶課程開發評估結果。

⑷課程開發評估總結與建議。

心得欄

六、培訓課程改進的控制流程

（一）適用範圍

為完善培訓課程開發與設計，提高培訓課程的品質，特制定本控制程序。本控制程序適用於公司開發的所有員工培訓課程改進工作。

（二）培訓課程問題

課程設計人員分析完畢課程開發評估報告後，整理評估報告中出現的課程問題。一般情況下，公司培訓課程存在的問題主要表現在以下七個方面。

1.課程目標問題。如課程目標與課程內容不符、課程目標表述不清晰等問題。

2.課程內容問題。如課程內容廣度和深度不符合培訓要求，課程內容針對性差、實用性不強等問題。

3.課程名稱問題。如課程名稱表達欠妥，不能讓培訓對象清晰地瞭解課程的主要內容等問題。

4.課程單元設計問題。如課程單元內容和方法是整體課程的目標不匹配，課程單元授課材料和方法不在課程整體設計的規劃範圍內等問題。

5.課程整體設計問題。如課程整體設計與培訓需求不一致，課程各單元之間存在交叉和重覆等問題。

6.授課方式問題。如授課方式不符合培訓課程自身特點、

不能激發培訓對象的參與積極性等問題。

7.授課時間問題。如授課時間過長或過短，導致不能實現預期培訓課程目標等問題。

（三）培訓課程問題解決措施

針對公司培訓課程出現的一系列問題，培訓課程設計人員應積極找出培訓課程的解決措施，其主要解決措施有以下四條。

1.開展培訓課程開發調查，收集關於所要開發課程的有關信息（如課程內容、課程時間和授課方式等），這樣可以提高課程內容的針對性，確定培訓課程的目標、培訓課程的最佳授課時間和授課方式等。

2.改變課程設計思路。減少培訓課程的理論知識內容，增加培訓課程的實用內容，如在培訓課程中多增加一些工作方法、技巧和工具等。

3.理順培訓課程內容的邏輯順序。在培訓課程設計過程中，課程設計人員要理順培訓課程內容的邏輯順序，這樣可以避免課程單元之間重覆和交叉的現象發生。

4.增加培訓課程的互動活動，改變單一的授課方式。通過改變授課方式增加培訓對象的參與程度，提高培訓效果。

（四）培訓課程改進完善溝通

課程設計人員根據培訓課程問題解決措施改進、完善所開發的課程，並就課程改進完善問題和對策同培訓對象、培訓對象的直接上級以及公司的高層管理人員等進行溝通，以便更好

地收集培訓課程改進完善建議。

（五）培訓課程改進完善

根據培訓課程問題進行培訓課程改進和完善，其改進完善的主要內容有以下四個方面。

1.課程內容順序優化調整。

2.課程名稱的斟酌與完善。

3.課程時間的合理分配。

4.授課方式的改變與調整。

七、培訓課程體系設計的報告範本

（一）非財務人員的財務類課程體系設計背景

公司大多數管理人員不懂基本財務知識，只憑其自身的經驗和感覺進行管理，因此，他們對公司的多項財務管理行為不理解、不支持，甚至有抵觸情緒，對公司的發展產生很大的潛在風險。

為避免公司管理人員因財務管理知識匱乏而對公司長遠經營決策產生不利影響，公司根據實際工作情況設計了非財務人員的財務類培訓課程體系，以加強對公司管理人員的財務培訓。

在培訓部課程設計人員進行非財務人員的財務類課程體系設計之前，他們採用問卷調查的方法對公司的管理人員進行了培訓需求調查。本次培訓需求調查共發放調查問卷 60 份，收回有效問卷 56 份。

（二）非財務人員的財務類課程體系模塊設置需求分析

　　培訓部課程設計人員根據收回的有效問卷進行分析，並從分析結果中得出公司管理人員需要培訓的財務內容模塊。下表為非財務人員的財務類培訓課程內容模塊以及模塊知識要點。

表 3-15　非財務人員財務類培訓課程內容模塊及知識要點

課程內容模塊		知識要點
基礎知識	法律知識	會計法、會計準則、稅法、合約法等
	財務基礎知識	預算管理、資金管理、成本費用控制、利潤管理、稅務籌劃、財務報表分析等
	會計基礎知識	會計核算方法、會計科目與帳戶、借貸記賬法、會計憑證、會計賬簿、存貨的盤點等
預算管理		預算分類與預算體系、預算編制程序和方法、預算編制與平衡程序、生產成本預算、物料採購預算、設備預算、員工薪金預算、管理費用預算、銷售預算等
資金管理		融資管道、融資的方式、投資的分類、投資的流程、投資決策評價方法、投資可行性報告的主要內容、風險投資計劃書的編制
成本管理		成本預測、成本決策、成本計劃、成本核算、成本控制、成本分析、成本考核等
利潤管理		利潤的構成與計算、利潤的結轉方法、利潤分配流程、成本與利潤分析、產銷量與利潤分析
報表解讀		報表的分類、資產負債表的結構與指標、現金流量表的結構與指標、利潤表的結構與指標等
稅務管理		報稅工作流程、納稅籌劃常用方法
內部控制		內控制度的要素、內控制度的內容構成、內控設計原則與流程、財務控制的方式和流程

（三）非財務人員的財務類課程體系設計

根據管理人員的財務培訓需求內容模塊以及公司課程體系設計要求，可以設計出非財務人員的財務培訓課程體系，具體內容如下表所示。

表 3-16　非財務人員的財務類培訓課程體系表

課程模塊	課程編號	課程名稱	建議授課時間
基礎知識	FC-JC-001	會計法要點分析與解讀	2 小時
	FC-JC-002	會計準則要點分析與解讀	3 小時
	FC-JC-003	合約法要點分析與解讀	3 小時
	FC-JC-004	稅法要點分析與解讀	2 小時
	FC-JC-005	會計基礎知識入門	3 小時
	FC-JC-005	現代財務管理的基礎知識入門	3 小時
	FC-JC-005	財務會計與企業管理	3 小時
	FC-JC-005	稅務管理基礎知識入門	2 小時
預算管理	FC-YS-001	2 小時輕鬆掌握預算管理基礎知識	2 小時
	FC-YS-002	預算管理體系與編制方法	3 小時
	FC-YS-003	預算與企業經營計劃	2 小時
	FC-YS-O04	如何運用預算管理企業(部門)經營活動	3 小時
資金管理	FC-ZJ-001	資金管理基礎知識-點通	2 小時
	FC-ZJ-002	融資管理——企業融資的 12 種管道	2 小時
	FC-ZJ-003	企業權益融資的主要方法與操作策略	2 小時
	FC-ZJ-004	投資管理——企業投資決策的 5 種分析方法	2 小時
成本管理	FC-CB-001	企業成本管理方法與工具	2 小時
	FC-CB-002	降低企業各種成本的 N 大技巧	3 小時
利潤管理	FC-1R-001	BEP 模型在利潤規劃與控制中的應用	2 小時
	FC-1R-002	提高企業利潤的途徑與策略	2 小時

續表

報表解讀	FC-BB-001	如何讀懂財務語言——資產負債表解讀之術	2 小時
	FC-BB-002	如何讀懂財務語言——現金流量表解讀之術	2 小時
	FC-BB-003	如何讀懂財務語言——利潤表解讀之術	2 小時
	FC-BB-004	財務報表分析輕鬆學	3 小時
	FC-BB-005	如何利用報表數據診斷企業經營狀況	3 小時
	FC-BB-006	企業管理人員實用 1 招——跳出財務看財務	2 小時
稅務管理	FC-SW-001	企業管理者行為與企業稅務	2 小時
	FC-SW-002	國際稅務籌劃策略與技巧	3 小時
	FC-SW-003	合理籌劃稅務負擔的絕招	2 小時
	FC-SW-004	企業稅務風險分析與控制的 8 大技巧	3 小時
內部控制	FC-KZ-001	企業股權控制方法與策略	2 小時
	FC-KZ-002	增長期企業的財務策略	3 小時
	FC-KZ-003	企業分支機構的股權控制方法與策略	2 小時
	FC-KZ-004	企業內部控制的 10 大「利器」	2 小時

（四）非財務人員的財務類課程體系設計存在的問題

公司在非財務人員的財務類課程體系設計方面存在三大問題。

1.公司對於管理人員財務知識學習的需求瞭解得不夠深入，影響了非財務人員的財務類課程體系內容模塊的設置。

2.公司非財務人員的財務類課程體系內容模塊劃分不夠系統和科學，需要進一步整合。

3.公司非財務人員的財務類課程庫還不夠豐富和完備。

（五）非財務人員的財務類課程體系設計存在問題的解決對策

為改進和加強對非財務人員的財務類課程體系設計，還必須做好以下三點。

1.加強對市面上各類非財務人員的財務培訓課程的瞭解，建立可選課程庫，不斷充實和豐富現有的非財務人員財務類課程體系。

2.選擇若干班次嘗試按照現有的課程體系模塊組織培訓，並探索形成適合各層級管理人員的財務課程體系。

3.加強師資隊伍建設，為非財務人員的財務類培訓課程體系實施提供師資保障。

報告人：＿＿＿＿＿＿＿

心得欄 ＿＿＿＿＿＿＿＿＿＿＿＿＿＿＿＿＿＿＿＿

＿＿＿＿＿＿＿＿＿＿＿＿＿＿＿＿＿＿＿＿＿＿＿＿＿＿

＿＿＿＿＿＿＿＿＿＿＿＿＿＿＿＿＿＿＿＿＿＿＿＿＿＿

＿＿＿＿＿＿＿＿＿＿＿＿＿＿＿＿＿＿＿＿＿＿＿＿＿＿

＿＿＿＿＿＿＿＿＿＿＿＿＿＿＿＿＿＿＿＿＿＿＿＿＿＿

＿＿＿＿＿＿＿＿＿＿＿＿＿＿＿＿＿＿＿＿＿＿＿＿＿＿

八、培訓課程開發評估的報告範本

（一）培訓課程開發評估實施背景

公司為提升銷售業務人員的業務技能，實現公司銷售目標，經公司管理層會議討論研究決定，現對公司銷售人員進行銷售技能培訓。

公司培訓部課程設計人員根據公司的要求設計出培訓課程。課程設計完成後，培訓部組織受訓學員試聽課程，並進行了課程評估。此次課程評估採取問卷調查的方式進行，根據受訓學員的數量，共發放調查問卷 50 份，收回有效問卷 48 份。

（二）培訓課程開發評估實施

1.課程內容評估

⑴課程內容針對性評估

通過回收的 48 份有效問卷，對課程內容的針對性評估如下表所示。

表 3-17　課程內容針對性評估表

針對性等級	針對性很強	針對性較強	針對性一般	針對性差
評估所佔比例	10%	50%	30%	10%

通過調查結果可知，50%的受訓學員認為培訓內容具有較強的針對性，但是還有 30%的學員認為課程針對性一般。因此，應加強培訓課程設計的針對性。

(2)課程內容實用性評估

課程內容的實用性評估主要是指培訓內容是否能夠在實際的銷售工作中得到廣泛的應用。對課程內容實用性的評估如下表所示。

表 3-18　課程內容實用性評估表

實用性等級	實用性很強	實用性較強	實用性一般	實用性差
評估所佔比例	60%	25%	10%	5%

通過問卷調查可知，只有 5%的人認為此課程內容的實用性差，有 60%的受訓學員認為課程內容的實用性很強。因此，此次培訓課程內容在實用性方面的設計較為成功。

(3)課程內容對解決實際問題的幫助

課程內容的設計對於解決實際問題的幫助是評估培訓課程的一項重要指標，課程對於解決實際問題的幫助程度的調查問卷結果如下表所示。

表 3-19　課程內容對解決實際問題的幫助程度評估表

幫助等級	幫助非常大	幫助較大	幫助一般	沒有幫助
評估所佔比例	30%	10%	20%	40%

由上表評估結果得知，此課程在對解決實際問題的幫助方面是比較失敗的，有 40%的受訓學員認為沒有幫助。通過問卷開放式問題還可以瞭解到，課程對於實際問題的幫助不大原因主要有以下三個方面。

・沒有進行充足的培訓需求調查。

- 課程設計人員沒有實際操作經驗。
- 課程內容沒有提供解決問題的思路。

(4)課程內容與個人期望內容

通過回收的 48 份有效問卷，對課程內容與個人期望內容的調查結果如下表所示。

表 3-20　課程內容與個人期望內容差距評估表

差距等級差距很大	差距一般	有點差距	二者基本相符
受訓學員投票數 10	20	15	3

由此可見，有 10 位受訓學員認為課程內容與其個人期望差距很大，僅有 3 位受訓學員認為期望內容和課程內容相符。因此，培訓部課程設計人員應該重視課程設計前的需求調查工作。

2.課程講授評估

課程試講的講授評估結果如下表（評估項目每項 5 分制）。

表 3-21　課程講授評估統計表

序號	評估項目	平均得分
1	講授的技術水準	4.8 分
2	講授的實際操作水準	3.5 分
3	講授語言運用技巧	2.5 分
4	授課的重點是否突出	3.6 分
5	講師對於問題問答的準確性	4.0 分
6	講師講授方法的合理性	4.0 分
7	講師講授方法的靈活性	3.9 分
8	講師的專業性及經驗	3.7 分

　　通過對課程講授的評估可以看出，受訓學員基本上對課程講授比較滿意，但講師的講授語言技巧還有待提高，此項得分最低爲 2.5 分。因此，如何提高培訓講師的語言技巧是下一步工作的重點。

　　3.課程應用和啓發評估

　　課程試講結束，受訓學員是否在工作中應用此項課程及此項課程對於受訓學員的啓發有多大，其具體評估結果如下表所示。

表 3-22　課程應用及啟發評估結果

課程應用	較多應用	有時應用	偶爾應用	不會應用
	60%	10%	10%	20%
課程啓發	非常大	一般	較小	很小
	10%	50%	20%	20%

　　通過評估可知，60%的受訓學員在工作中較多應用此課程學到的內容，但是也有 20%的受訓學員在工作中不會應用此課程講授內容。課程啓發對於 50%的受訓學員作用一般，僅對 10%的人有啓發。因此，課程設計人員在課程的應用性及啓發方面還有待提高。

（三）培訓課程評估總結

　　1.課程講授方法較成功，但是講授人員的水準還有待提高。

　　2.課程在設計前期的調查準備工作不充分。

　　3.課程對解決實際問題的幫助、課程的應用性和啓發性還

有待加強。

（四）培訓課程評估建議

　　1.加強課程設計前期的培訓需求調查工作，提高課程內容的實用性和針對性。

　　2.根據課程內容及受訓學員採取相對應的講授方式，以提高培訓效果。

心得欄

第 *4* 章

內部講師管理的執行範本

一、部門講師的推薦流程

（一）適用範圍

　　為規範本公司各部門內部講師的推薦管理工作，明確推薦的步驟及具體要求，特制定本控制程序。

　　本控制程序適用於公司各部門講師的推薦。

（二）推薦原則與頻率

　　1.公司各部門在推薦內部講師時應遵循「公正、公平、公開」原則。

　　2.原則上公司各部門每年有兩次推薦內部講師的機會。

（三）召開部門講師推薦會議

部門經理接到培訓部下發的內部講師評聘通知書後，應組織相關人員召開部門講師推薦會議，明確部門講師推薦條件，確定出本部門所有符合要求的推薦候選人。

1.候選人須在公司工作一年以上。

2.候選人須在公司管理/業務管理/專業知識等方面具備較為豐富的經驗，同時具有較強的語言表達能力和感染力。

3.具備較為豐富的工作經驗，工作業績突出。

4.以上條件符合兩條(含)以上即可。

（四）進行評估結果排名

1.部門經理組織對所有部門講師推薦候選人進行綜合評估，並將其排名。具體評估內容如下表所示。

表 4-1　部門講師推薦候選人評估內容

評估項目	評估標準				
授課知識點掌握程度	□非常好	□比較好	□一般	□較差	□極差
語言表達能力	□非常好	□比較好	□一般	□較差	□極差
工作主動性和負責感	□非常好	□比較好	□一般	□較差	□極差
日常學習能力	□非常好	□比較好	□一般	□較差	□極差
儀表、儀態、儀容	□非常好	□比較好	□一般	□較差	□極差
備註	非常好——20分，比較好——15分，一般——12分，較差——8分，極差——5分				

2.匯總所有候選人的得分，並從高到低進行排列。

(五)確定部門講師推薦人選

1.根據公司對各部門推薦人數的規定，確定最終的部門講師推薦人員。

2.各部門需填寫「內部講師部門推薦表」並提交給培訓部。「內部講師部門推薦表」如下所示。

表 4-2　內部講師部門推薦表

推薦部門(公章)：　　　　　　　　日期：＿＿＿年＿＿＿月＿＿＿日

被推薦人姓名		性別		出生年月		崗位	
入職時間		學歷		專業		授課方向	
具備何種技能							
專長和特點							
推薦理由							
					部門經理簽字： 日期：		
備註							

二、內部講師的選聘流程

（一）目的

為滿足公司員工培訓需求，確保各類培訓項目順利實施，充分挖掘公司內部培訓資源，規範內部講師的選聘工作，確保培訓效果，特制定本控制程序。

（二）適用範圍

本控制程序適用於公司內部講師選聘管理工作。

（三）選聘原則與形式

1.公司選聘內部講師時應遵守「按需選聘、擇優錄用」的原則。

2.選聘內部講師採取「自下而上逐級推薦，自上而下考核評審」的方式進行。

（四）內部講師需求確認

公司培訓部根據員工培訓需求情況確定內部講師需求，包括內部講師需求專業、層級、人數及其他任職要求，並下發內部講師報名通知。

（五）報名與資格審核

1.凡符合內部講師認知資格條件者，可填寫「內部講師推

薦表」，經部門經理確認後接受資格審核。

2.公司培訓部負責對申請內部講師的人員進行資格審核。

（六）綜合評審

1.成立內部講師評審組

(1)公司培訓部負責成立內部講師評審組，培訓部經理任組長，成員包括受訓部門經理、部份受訓員工以及其他相關人員，必要時還應聘請外部培訓專家參與。

(2)內部講師評審組全面負責對內部講師候選人資格進行綜合評審。

2.安排課程開發任務

(1)內部講師候選人根據選定的具體課程名稱和授課內容，開發相應的培訓課程（PPT 形式）、講義、教材等課程方案。

(2)各候選人在規定的時間內完成所有課程方案後，提交給內部講師評審組。

3.組織進行試講

(1)給候選人員兩週準備時間，自擬題目，在指定日期進行 1 小時的試講。

(2)試講形式應當多種多樣。按試講人數和範圍，可以分為個別試講和小組試講；按試講時間劃分，可以分為平時試講和集中試講；按試講場所劃分，可以分為課堂試講和現場試講。

(3)培訓部依據內部講師試講的要求以及公司的具體情況，選擇合適的試講形式。

(4)內部講師評審組全面跟進候選人的試講過程，並對候選

人的試講進行評價。「候選人試講評價表」如下表所示。

表 4-3　候選人試講評價表

課程基本情況	課程名稱		試講時間	
試講內容評價 （40分）	導入		素材	
	切題		案例	
	活動		收尾	
	課堂氣氛		師生互動	
試講技巧評價 （40分）	語言表達		肢體語言	
	時間掌握		技巧細節	
試講材料評價 （20分）	幻燈配合		板書效果	

說明：

1.試講評價採取百分制，試講內部評價分值為40分，每項評價為5分；試講技巧分值為40分，每項評價為10分；試講材料評價分值為20分，每項評價為10分。

2.評審組根據試講人的實際表現進行打分。

（七）進行綜合評審

1.內部講師評審組根據候選人資格條件、課程開發方案及試講表現進行綜合評審，確定內部講師人員。綜合評審方法如下表所示。

2.最終成績為三者的加權平均值，即最終成績＝A成績×30%＋B成績×30%＋C成績×40%。

表 4-4　綜合評審方法

序號	評審項目	權重	評審方法	資料來源	得分
A	候選人資格條件	30%	評審組依據內部講師任職資格條件進行打分，滿分爲 100 分	內部講師任職資格	
B	課程開發方案	30%	評審組依據候選人提交的課程資料進行打分，滿分爲 100 分	課程開發方案	
C	試講表現	40%	評審組對試講評價的最終成績	候選人試講評價表	

（八）聘任

1.培訓部將綜合評審結果上報培訓總監審核後，提交公司總經理審批。

2.培訓部統一頒發公司內部講師聘書予以聘任，聘期兩年，各級講師不得重覆聘任。

三、內部講師和評估流程

（一）適用範圍

爲有效激勵內部講師的工作積極性和主動性，營造公平有效的競爭環境，提高內部講師的授課水準，特制定本控制程序。本控制程序適用於公司內部講師評估工作。

（二）權責分配

公司培訓部負責組織內部講師的評估工作，受訓部門及受訓人員應協助配合。

（三）評估原則

公司培訓部評估內部講師時應遵守「公正、公平、公開」的原則。

（四）評估方法

內部講師的評估方法如下表所示。

表 4-5　內部講師評估方法

評估形式	評估內容	評估者	所用工具	評估時間
培訓項目評估	課程內容的熟練程度、授課技巧、課堂控制等	受訓人員、培訓部	內部講師評估表	課程結束後一週內進行
年終評估	授課品質、授課效果、工作態度、授課技巧、課程內容開發等	培訓部	內部講師年度評估表、每次培訓結束後的內部講師評估表	每年一月份

（五）評估工具應用

1.每次培訓結果後，培訓部應組織受訓人員對內部講師的現場培訓效果進行評估。受訓人員根據內部講師的實際授課情況，填寫內部講師授課現場效果評估表，如下所示。

表 4-6　內部講師授課現場效果評估表

培訓項目		培訓時間			內部講師			
序號	培訓評估項目		0	1	2	3	4	5
1	培訓課程整體滿意度							
2	培訓課程內容的實用性							
3	培訓課程內容的充實性							
4	培訓教材講義的編制情況							
5	課程規劃與進行方式							
6	內部講師的專業程度							
7	內部講師的解說能力							
8	內部講師的教學熱情							
9	內部講師的時間掌握							
10	內部講師的課堂控制能力							
11	內部講師的授課方法與形式							
12	內部講師表達方式的生動性							
13	內部講師引導學員進入角色的能力							
14	內部講師能否充分激發學員積極性							
15	內部講師能否適當反應及回答學員問題							
16	內部講師對培訓內容的掌握程度							
17	內部講師對培訓內容感興趣程度							
18	本次培訓對工作起到指導作用的程度							
19	課程對學員的工作及成長的幫助程度							
20	本次培訓成功的程度							
備註	1.本次評估滿分為 100 分，共評估 20 項，每項 5 分 2.在相應選項下的表格內畫「 ✓ 」							

2.培訓部對內部講師的年度授課情況進行年終綜合評估，並填寫內部講師年度評估表，如下表所示。

表 4-7　內部講師年度評估表

基本情況(講師填寫)					
姓名		學歷		專業	
所在部門		崗位		職稱	
講師資格			評聘時間		
教授課程	目前				
	意向				
年度總結					
培訓績效記錄					
序號	培訓項目	培訓時間		培訓對象	平均成績
	(內部講師填寫)				(培訓部填寫)
1					
2					
3					
4					
5					
6					
年度總體評估	評語				
	獎勵				
培訓部經理意見			培訓總監意見		

（六）評估結果應用

1.培訓項目評估結果應用

(1)每次培訓結束後，培訓部負責對內部講師進行等級劃

分，具體如下表所示。

表 4-8　內部講師評估結果等級表

等級優	良	中	差
評估成績 91～100	81～90	61～80	60 以下

(2)每次培訓結束後的評估結果將作爲內部講師年度評估的重要依據之一。

2.年度評估結果應用

(1)內部講師年度評估結果將作爲內部講師晉級的重要部份。

(2)內部講師年度評估結果不合格者降一級，保留內部講師資格一年，連續兩年不達標者取消其資格。

(3)內部講師年度評估結果將作爲年度績效考核和公司內部晉升的重要參考資料之一。

四、內部講師晉級的控制流程

（一）目的

爲有效激勵內部講師的培訓教育意願，促使內部講師不斷提升授課技巧及能力，特制定本控制程序。

（二）適用範圍

本控制程序適用於公司內部講師晉級管理工作。

（三）內部講師等級劃分

公司內部講師分爲儲備講師、一級講師、二級講師和三級講師四個層次，具體說明如下表所示。

表 4-9　內部講師等級劃分表

內部講師等級	任職資格	備註
儲備講師	1.由公司培訓部外派訓練，經審核符合講師資格者 2.已取得相關培訓機構的專業講師認證，經公司審核認可者 3.公司部門主管級以上人員 4.大學本科以上學歷，兩年本公司工作經驗者 5.大學專科以上學歷，三年本公司工作經驗者	經部門推薦或自薦，培訓部初審可定爲儲備講師；儲備講師不頒發內部講師等級證書
一級講師	儲備講師經綜合評審考核達到一級講師標準的可認定爲一級講師	
二級講師	具備一級講師資格一年以上者，經評審考核達到二級講師標準的可晉級爲二級講師	經理級別以上經審核可定爲二級講師
三級講師	具備二級講師資格一年以上者，經評審考核達到三級講師標準的可晉級爲三級講師	副總級別以上可直接申請三級講師

（四）晉級時間與頻率

公司內部講師每年晉級一次，12月份進行晉級考核確定，次年1月份公佈結果。

（五）晉級考核

1.內部講師晉級考核指標

內部講師晉級考核指標如下表所示。

表 4-10　內部講師晉級考核指標

考核指標	指標介紹
授課滿意度	內部講師講授課程後，由學員對其授課滿意度評價調查，按每次課程的學員課堂問卷評分加權平均值計算
授課完成率	內部講師實際講授課程時數與公司安排的課時數的比例，按年度 12 個月的加權平均值計算
新開發課程數量	內部講師年度內新增加的培訓課程數量
授課總時數	內部講師年度實際授課的累計小時數
學員總人次	內部講師年度實際教授學員的總人數

2.內部講師晉級標準

內部講師晉升到上級級別時，應滿足以下條件。

表 4-11　內部講師晉級標準

晉級標準	儲備升一級	一級升二級	二級升三級
授課滿意度	80 分	85 分	90 分
授課完成率	85％	90％	95％
新開發課程數量	3 門	4 門	5 門
授課總課時	30 小時	40 小時	50 小時
學員總人次	200 人次	200 人次	300 人次

（六）內部講師晉級

內部講師晉級不僅要具備晉升級別的任職資格，還必須滿

足所有的晉級考核標準。

五、內部講師選聘的範本

第 1 條　目的

為明確本公司內部講師選聘範圍和標準等條件，規範選聘程序，提高內部講師品質，特制定本辦法。

第 2 條　適用範圍

公司所有內部講師的選聘工作均依本辦法執行。

第 3 條　選聘範圍

在公司工作兩年以上的正式員工。

第 4 條　選聘原則

公司內部講師選聘應遵守「公正、公平、公開、合理、專業」的原則。

第 5 條　選聘方式

1.部門推薦

公司培訓部制定「內部講師資格評選條件」發給有關部門，由各部門參照「內部講師資格評選條件」推薦講師候選人。

2.自我推薦

感興趣的員工可以自我推薦，經初步審核合格者也可以作為講師候選人。

第 6 條　選聘標準

1.心態和興趣

具有積極的心態，對講課、演講具有濃厚的興趣。

  2.知識和能力

知識淵博並具有相應的工作經驗和閱歷,具有良好的語言表達能力和較強的學習能力。

第 7 條 發佈公告

培訓部根據培訓工作的需要,在公司內部發佈某課程培訓講師的選聘通知。通知中應說明基本的選聘條件以及提交申請的方式和時間,並附上「內部講師申請表」,如下表所示。

表 4-12 內部講師申請表

申請人		所在部門	
入職時間		職務	
學歷		授課方向	
特長描述			
培訓經歷			
是否參加過員工與此類課程相關的培訓課程	□否		
	□是		
	課程名稱:		
是否參加過講師培訓課程	□否		
	□是		
	課程名稱:		
是否有相關授課的經驗	□否		
	□是		
	課程名稱:		
	授課對象:		
審核意見			
個人自薦理由			
部門推薦意見			
培訓部意見			

第 8 條　提交申請

　　符合條件的申請人可由各部門經理推薦或自薦,填寫「內部講師申請表」,報公司培訓部進行初步審核。

第 9 條　進行初步審核

　　培訓部進行初步審核,並要求申請人填寫「內部講師資格審查表」,如下表所示。

表 4-13　內部講師資格審查表

姓名		工作年限		入職時間	
所在部門		崗位		職稱	
學歷		專業		授課方向	
相關經歷					
專業特長					
授課經驗					
參加培訓經歷					
備註					

(簽字前,請認真核對上述內容)

誠信承諾書

　　我保證所提供的上述信息真實、準確。並願意承擔由於上述信息虛假帶來的一切責任和後果

員工簽字:　　　　日期:＿＿年＿＿月＿＿日

部門審核意見	部門蓋章
	經辦人簽字:　　日期:＿＿年＿＿月＿＿日
培訓部審核意見	部門蓋章
	經辦人簽字:　　日期:＿＿年＿＿月＿＿日

說明:請員工仔細核查上述信息,並列印留存,提交後不予更改。

第 10 條 參加培訓和輔導

經過初步審核，通過的人員需參加公司培訓部組織的相關培訓以獲得有效的演講要素基本的課程設計、語言表達、現場控制等方面的專業知識與技巧。

第 11 條 成立培訓講師評審小組

1.確定小組成員

在公司中高層主管中選出有培訓經驗的若干人員組成評審小組，並選出一人擔當評審小組的組長，負責評審小組的全面工作。培訓部負責輔助其工作。

2.明確評審人員職責

召開評審小組工作會議，確定各人員的工作職責，對評審過程中可能出現的問題進行商討，以文件的形式確認評審標準和評審細則。

第 12 條 安排試講

1.明確試講要求

(1)試講前要認真備課、熟悉講義，同時要堅定信心，為試講做好必要的準備和業務準備。

(2)試講時應嚴格按照正常培訓課程的要求進行，從容穩重、沉著冷靜，一切與正式培訓授課一樣。

(3)依據講義進行講解，重點突出、有條不紊，合理分配時間，注意前後環節的銜接，體現講與練的結合，過程一定要完整。

(4)注意認真總結經驗教訓，不但要知道試講中的優缺點，還要能夠找出原因，以便今後採取有力措施加強訓練，發揚優

點，彌補不足。

　2.確定試講時間

(1)每個試講人員一般需要準備 30 分鐘的試講。

(2)培訓部根據試講人數和講授課程的重要性，確定每個人的試講時間。

　3.明確試講內容

(1)試講內容要在所要講授的培訓課程內容中節選一部份。

(2)培訓部要做好協調工作，避免試講人出現相同的授課內容。

第 13 條　進行內部講師試講評審

　1.明確試講評審要求

(1)實事求是，特別是對試講中存在的問題、不足之處要明確無誤地指正出來。

(2)評審時要多找原因，多提改進意見，明確試講人員具體的努力方向。

(3)評審時要排除各種干擾因素，如人際關係、個人興趣等，客觀地反映試講情況。

　2.進行全面評審

(1)評審小組跟進試講的全過程，對試講人員進行全面評審，並填寫「內部講師試講評審表」，如下表所示。

表 4-14　內部講師試講評審表

試講者姓名		所在部門	
崗位		試講課程	
試講評審			

序號	評價內容	評分
1	語音語調	
2	現場氣氛	
3	表達流暢性	
4	肢體語言	
5	目光交流	
6	形象儀表	
7	時間掌控	
8	內容充實度	
9	案例講解	
10	提問情況	
總分		

說明：每項滿分為 10 分，評價人員依據試講情況進行打分。

(2)試講評審採用百分制，試講結束後，評審小組依據「內部講師試講評審表」中的各項評估內容進行打分。

第 14 條　培訓部負責匯總所有「內部講師試講評審表」，並計算每位試講人員的平均值，即最終試講成績。

第 15 條　培訓部將對申請人的綜合評審意見上報公司人力資源總監審核，經公司總經理審批後，由培訓部向申請人發

出是否給予聘任的決定。

第 16 條　培訓部負責與合格人員簽訂聘任合約,並與落選人員進行溝通。

第 17 條　本辦法由培訓部制定,其修改、解釋權歸培訓部所有。

第 18 條　本辦法自總經理簽發之日起實施。

心得欄

六、內部講師管理的範本

第 1 條 適用範圍

為構建公司內部講師培訓隊伍，實現內部講師管理的正規化，幫助員工改善工作、提高績效，有效傳承公司相關技術和企業文化，特制定內部講師管理辦法。

本辦法適用於公司各部門。

第 2 條 培訓部為內部講師的歸口管理部門，負責講師的等級評聘、評審及日常管理。

第 3 條 各部門培訓負責人協助培訓部管理內部講師，積極開展內部授課。各部門應積極協助與支援內部講師的授課管理與培養工作。

第 4 條 內部講師的工作職責

1.根據公司培訓部的安排，開展相關內部培訓課程。

2.負責參與公司年度培訓效果工作總結，對培訓方法、課程內容等提出改進建議，協助公司培訓部完善公司培訓體系。

3.負責受訓人員的考勤和考核。

4.負責編寫或提供教材教案。

5.負責制作受訓人員測試試卷及考後閱卷工作。

第 5 條 內部講師的類別

1.內部講師分儲備講師和正式講師兩類。

2.內部講師除了可以獲得授課薪酬之外，還可以獲得公司組織的「講師培訓」（委外或外派）。

3.正式講師等級資格證書由培訓部頒發審核,總經理審批。

第 6 條　內部講師評聘條件

1.具有認真負責的工作態度和高度的敬業精神,能在不影響工作的前提下積極配合培訓工作的開展。

2.在某一崗位專業技能上有較高的理論知識和實際工作經驗。

3.形象良好,有較好的語言表達能力。

4.具備編寫講義、教材、測試題的能力。

第 7 條　等級評聘

為保證培訓效果並激勵講師自我提升授課水準,對講師實行按級付酬。正式講師分為三個等級,等級按培訓效果調查表的得分標準評聘。

第 8 條　內部講師評聘程序

1.由各部門推薦或個人自薦,由部門經理審核、培訓部審批,審批後的講師將獲得儲備講師的資格。

2.培訓部應適當安排儲備講師授課。

3.培訓部安排內部講師授課前應通知有關講師和課程安排事項,以便對講師的授課情況進行跟蹤。

4.培訓部對儲備講師的授課效果進行抽查,對連續兩次抽查得分低於 60 分的講師,暫停安排其授課。若因個人或組織需求,可按本規定重新申請。

5.各級講師均可以提出晉級申請,人力資源部受理申請並組織晉級評聘,聘期 1 年。滿足以下標準的,可申請晉級評聘。

表 4-15　晉級評聘標準

級別	連續兩次考察授課均達到的評分標準	授課時數
三級講師	70～80分	8小時/年
二級講師	80～90分	10小時/年
一級講師	90～100分	15小時/年

6.培訓部負責對正式講師的授課效果進行抽查，連續兩次抽查得分低於本級標準得分下限的講師降一級，經再次考核得分高於本級標準得分上限方可恢復原級別。

第 9 條　公司鼓勵廣大員工積極參與內部講師評聘與晉級，內部講師業績作爲其工作績效考核的參考依據之一。

第 10 條　所有被列入正式內部講師名單的講師必須在 3 個月內完成一門正式培訓課程的授課任務，包括課題確定、教材開發、教案準備、正式授課等，並由受訓人員對其進行授課效果的評估，填寫「內部講師授課現場效果評估表」。

第 11 條　內部講師應嚴格按培訓規範操作流程開展授課，同時對課程需有相應記錄，包括「培訓前需求調查表」、「內部講師授課現場效果評估表」等課程相應的記錄，作爲考核內部講師的標準之一。

第 12 條　年中/年終考核

公司培訓部每年對內部講師進行兩次考核，採用內部講師年中/年終考核表進行。

第 13 條　正式講師如在 1 年之內有 3 次課程的現場效果評

估低於 60，即被降爲儲備講師。

第 14 條　每年對表現優秀的講師，如年度授課時數完成規定且課程效果評估平均在 85 分以上者，由公司培訓部提名報總經理批准後，予以晉級和獎勵。

第 15 條　內部講師的培訓

爲提高培訓的成效，凡申請擔任正式講師的人員，經過資格初審後，需接受以下講師培訓課程。

1.學習原理。

2.成人學習特點。

3.企業培訓與員工發展。

4.教材設計與製作。

5.培訓技能訓練。

6.專業培訓技巧。

第 16 條　內部講師的激勵

1.內部講師的授課可享受授課津貼或帶薪調休的獎勵方式（不同時享受），如週六、週日授課直接領取講師課酬。授課津貼和講義編制費標準如下表所示。

表 4-16　**授課津貼和講義編制費標準**

級別	授課津貼	講義編制費
一級講師	200元/課時	300元/門
二級講師	150元/課時	200元/門
三級講師	100元/課時	150元/門
儲備講師	50元/課時	100元/門

2.發放授課津貼的課程必須為培訓部統一安排並經考核合格的課程，以現金形式發放。

3.發放時間為課程後期跟蹤、總結完成後 1 個月內。由培訓部覆核報公司總經理審批後支付。

第 17 條 講師出現下列情況之一的，取消其講師資格。

1.除遇不可抗原因外，講師無故不參加授課一次者。

2.故意製造不良事件或工作不負責任，以致培訓成效受到明顯不良影響。

3.年度綜合考核分數最後一名者。

4.講師洩露公司機密，將培訓資料等對外洩露，或未經公司許可參與同行業的培訓交流活動。

5.申請離職或辭職者。

第 18 條 講師檔案管理

1.通過公司綜合評審的候選人將由總經理親自頒發內部講師聘任證書，並在公司網站、OA 系統進行公佈，樹立內部講師的個人形象和品牌，增加內部講師的榮譽感。

2.正式聘任的內部講師將被納入內部講師資料庫，享受相關待遇。

七、內部講師培訓的範本

第 1 條 為提高公司內部講師的授課水準，確保培訓效果，特制定本辦法。

第 2 條 本辦法適用於公司內部講師的培訓工作。

第 3 條　培訓部負責公司內部講師的培訓組織工作。

第 4 條　培訓部應依據內部講師的工作職責，選擇並確定培訓內容及培訓方式等相關內容。內部講師的工作職責有以下幾點。

1.參與課程的前期培訓需求調查，明確員工的培訓需求，向培訓部提供準確的員工培訓需求資料。

2.開發設計所授課程，如培訓標準教材、案例、授課 PPT、試卷及答案等，並定期改進。

3.在培訓部的安排下，落實培訓計劃，講授培訓課程。

4.負責培訓後閱卷、後期跟進工作，以達到預定的培訓效果。

5.負責參與公司年度培訓效果工作總結，對培訓方法、課程內容等提出改進建議。

6.積極學習，努力提高自身文化素質和綜合能力。

第 5 條　培訓部將不斷向內部講師發放大量的培訓資料、學習資料。

第 6 條　公司內部講師必須接受課程培訓，培訓部負責根據內部講師的發展情況篩選接受培訓的講師名單。具體培訓內容和頻次如下表所示。

第 7 條　所有接受培訓的內部講師在培訓後必須制訂行動改進計劃，改進自己在授課中的不足之處，提高授課水準。

第 8 條　培訓部將每年組織一次全體講師的經驗分享與交流，並聘請資深人員或外部專家指導、培訓。

表 4-17　內部講師培訓內容和頻次一覽表

培訓項目	培訓內容	培訓頻次
課程內容深化培訓	進行課程內容的設計與開發	每年兩次
講師素質提高培訓	講師的職業道德、儀表儀態等	每年一次
講師研討會	對課程內容改善、課程內容理解、講授技巧、講授存在的問題等進行探討，以及收集現場案例等	每年一次
授課技巧培訓	語言表達技巧、課堂把控技巧、營造課堂氣氛等	每年至少一次

　　第 9 條　內部講師可旁聽公司的所有培訓課程，優先參加公司內與本職工作相關的各項培訓。

　　第 10 條　內部講師可申請參加與自身授課內容相同的外派培訓或參觀考察等活動。

　　第 11 條　公司鼓勵內部講師積極參加各種社會自修學習，不斷提高自身素質、豐富自身知識。

　　第 12 條　本辦法經總經理批准後生效，自頒佈之日執行。

　　第 13 條　本辦法最終解釋權歸培訓部。

八、內部講師晉級的範本

第 1 章　總則

　　第 1 條　為規範內部講師晉級管理工作，激發內部講師的工作積極性，特制定本辦法。

第 2 條　本辦法適用於公司所有內部講師的晉級管理。

第 3 條　公司培訓部負責內部講師的晉級管理工作。

第 2 章　內部講師等級劃分

第 4 條　公司內部講師分為四個級別，從助理講師開始逐級提升。

第 5 條　公司內部講師四個級別的評級標準如下表所示。

表 4-18　內部講師評級標準表

等級	等級標準	授課任務要求
助理講師	符合候選人標準，並取得內部講師資格證書	無要求
初級講師	具備助理講師資格，累計授課時數達到20小時	20小時/年
中級講師	具備初級講師資格，累計授課時數達到50小時	30小時/年
高級講師	具備中級講師資格，累計授課時數達到80小時	30小時/年

第 3 章　內部講師晉級條件與程序

第 6 條　公司內部講師申請更高等級講師資格的基本條件有以下幾點。

1. 一年內的授課時數達到所申請講師等級的最低有效授課時數要求，計算範圍限於公司委託講授的課程，具體內容如下表所示。

表 4-19　最低有效授課時數

現有級別	助理講師	初級講師	中級講師
申請級別	初級講師	中級講師	高級講師
最低有效授課時數	20小時/年	30小時/年	30小時/年

2.在上述的授課時數內，課程的效果評估得分平均達到 80 分以上，課程效果評估以講師結束整個培訓項目為單位進行。

3.內部講師在申請更高等級時，必須具備更高等級的工作能力。各等級的工作能力及要求如下表所示。

表 4-20　內部講師各等級工作能力及要求

內部講師等級	工作能力要求	要求
初級講師	英語水準	具備專業英語閱讀能力、基本翻譯能力
	電腦水準	能夠操作各種辦公軟體
	課程等級	講授的課程為基礎類課程
	課程及教材開發	把握學員需求，能夠整理開發出切合實際需要的教材
	業務指導能力	具備豐富的實踐經驗和掌握扎實的專業知識，能夠在實際工作中進行指導
中級講師	英語水準	具備英語四級同等水準，並具備專業英語的聽、說、讀、寫能力；具備相關資料的翻譯能力，並能講授英文教材
中級講師	電腦水準	熟練操作各種辦公軟體
	課程等級	講授專業性比較強的課程
	課程及教材開發	能對培訓需求做深入分析和探討，能夠開發、改進切合實際需要的教材
	業務指導能力	在公司範圍內的專業領域具有相當的影響力，並能夠指導初級講師提高授課技能

內部講師等級	工作能力要求	要求
高級講師	英語水準	具有英語六級同等水準，具備專業英語的聽、說、讀、寫能力，具備相關資料翻譯能力，並能夠講授英文教材
	電腦水準	熟練操作各種辦公軟體
	課程等級	講授專業性比較強和新開發的課程
	課程及教材開發	能夠對培訓需求做精闢的分析和深層次的研究，具備相關專業的前沿技術和知識，具備專題課程及新課程開發能力
	業務指導能力	在長期工作實踐和研究中形成獨到的理論體系，能夠指導實際工作，並能夠指導中級講師提高授課技能

第 7 條　內部講師晉級程序

　　1.公司每年 11 月份開展內部講師晉級工作，滿足上述條件的內部講師可向培訓部提出申請，並填寫「內部講師晉級申報表」，如下表所示。

　　2.培訓部將根據內部講師平時的授課效果審核其晉級資格。必要時，培訓部還可以聘請外部專家進行晉級審核。

　　3.培訓部組織對內部講師的授課效果進行抽查，對於連續兩次抽查得分低於 80 分的講師，將給予降一級的處分，經再次考核合格後方可恢復原級別。

表 4-21　內部講師晉級申報表

姓名		學歷		專業	
所在單位		部門		崗位	
講師資格			申報時間		
申請等級		□初級講師	□中級講師		□高級講師
授課項目	1. 2. 3.				
培訓記錄	1. 2. 3.				
培訓部經理審核		培訓總 監審核		總經理 審　批	

心得欄 _____

_____

_____

_____

_____

_____

第 *5* 章

培訓計劃的執行範本

一、培訓工作的計劃管理

培訓工作的計劃管理控制程序

一、適用範圍

本控制程序適用於公司所有參與培訓計劃工作的相關人員。

二、相關說明

年度培訓計劃是公司培訓工作開展的指導綱要，是對一年培訓工作進行詳細系統的規劃，是培訓工作取得良好成效的關鍵。一份完整的年度培訓計劃包括年度培訓需求分析、培訓目標設定、培訓課程設計、培訓組織與管理和培訓費用預算五大部份。

三、職責分工

（一）人力資源部

1.人力資源部是培訓工作的管理部門，負責公司培訓的各項工作，包括培訓需求分析、計劃制訂、培訓課程設計、計劃分解、準備工作、過程控制以及結果評估等。

2.人力資源部結合年度培訓計劃涉及到的各項工作，落實到每位負責人，並設定相關考核指標。

（二）相關部門

培訓工作涉及到的各相關部門需全力協助培訓工作的展開，例如需求調查訪談組織安排、講師聯繫與溝通、培訓機構調查瞭解、會場設施佈置、培訓物資供應、培訓資金支持等工作。

四、年度培訓需求分析控制

公司每年年初進行培訓需求調查，全面瞭解從領導層到一線員工的培訓需求。

（一）調查工作原則

1.以公司戰略為主。

2.以員工為主。

3.以關鍵事件為主。

（二）選擇培訓需求調查方法

公司採用問卷法和訪談法兩類方法進行培訓需求調查分析，明確不同職系崗位及不同崗位級別的培訓需求。

五、培訓目標設定控制

公司年度培訓目標是希望通過一年的培訓工作解決某些問

題，使員工的工作素質與工作能力達到一定水準的期望值。年度培訓目標的制定需立足於公司的長遠發展，且圍繞本年度工作計劃的開展而設立。

（一）年度培訓目標的內容

公司年度培訓目標的內容制定要求如下。

1.制定維持性目標，即為實現公司可持續性發展所需的知識，例如企業文化理念、紀律要求等。

2.制定改善性目標，即為了提高公司整體水準，需要掌握的一些新技能。

3.制定創新性目標，即為促進公司發展，通過培訓加強員工創新意識與創新能力的目標。

（二）年度目標分解

培訓目標必須是清晰、可量化、可分解的，人力資源部需將年度培訓目標進行細化分解，落實到各個層面的目標，這有利於培訓目標的實現，便於對後期培訓效果進行評估。

六、培訓課程設計安排控制

（一）歸納課程類別

人力資源部需結合培訓需求，對計劃開展的培訓課程進行分類，通常涉及到的課程包括崗位培訓、專業培訓、特殊培訓等。

（二）確定課程主題

人力資源部根據年度培訓的重點，分別對不同的培訓類別進行課程細分，確定課程主題的方法如下。

1.結合公司實際情況進行歸納總結，圍繞確定的主題，由

專業培訓機構或公司專業人員進行課程內容設計。

2.通過瞭解市場上現有的一些課程，根據公司需求選擇適合的課程。

(三)選擇培訓講師

1.人力資源部建立內部培訓講師團隊，對於能夠擔任培訓講師的人員進行建檔管理。

2.選擇聘請外部講師時，人力資源部需對講師的各項情況進行全面瞭解，根據不同課程，選擇知識、風格合適的講師。

(四)培訓方式的選擇

人力資源部根據不同類別的課程選擇不同的培訓方式，培訓方式包括講授、座談會、現場演練、外出考察、參加學習班等。

(五)培訓時間的設計

年度培訓計劃的實施需要落實到一年當中的每一個時間段，把年度計劃分解成季計劃、月計劃。結合企業各項工作的開展情況，設計好每一個週期需要完成的課程，做年度計劃的時間安排。

七、培訓費用預算控制

人力資源部在制訂年度培訓計劃時應對培訓所需的費用支出進行預算，並在全年培訓工作中對費用進行控制，合理利用。培訓費用主要內容如下。

1.講師授課費、差旅費。

2.外出參觀考察費。

3.外出學習報名費、差旅費。

4.工作人員工資。

5.場地租賃費、設備使用費。

6.日常辦公費用。

7.培訓活動基金。

八、相關文件與記錄

1.年度培訓計劃。

2.月培訓計劃。

3.培訓項目計劃。

4.培訓費用預算。

5.其他。

二、培訓工作的計劃管理表格

(一)年度培訓需求調查表

表 5-1　年度培訓需求調查表

部門						日期				
部門工作內容/目標	應加強能力	項次	需求課程名稱	內/外訓	預定月份	培訓單位講師	時間	訓練對象	預定人數	費用預估
		1								
		2								
		3								
		...								

部門主管：　　　　　　　　　　　　　　填表人：

（二）員工培訓開發申請表

表 5-2 　員工培訓開發申請表

<table>
<tr><td rowspan="3">基本情況</td><td>姓名</td><td></td><td>性別</td><td></td><td>出生年月</td><td></td></tr>
<tr><td>所任崗位</td><td></td><td>學歷</td><td></td><td>參加工作時間</td><td></td></tr>
<tr><td>所屬部門</td><td></td><td>職稱</td><td></td><td>入職時間</td><td></td></tr>
<tr><td rowspan="6">培訓情況</td><td>學習內容</td><td colspan="5"></td></tr>
<tr><td>主辦單位</td><td colspan="5"></td></tr>
<tr><td>學習形式</td><td colspan="5">□學歷教育　　□專業技能培訓
□素質培訓　　□專業技術人員繼續教育</td></tr>
<tr><td>學習時間</td><td colspan="5">＿＿年＿月＿日至＿＿年＿月＿日（總學時：＿＿）</td></tr>
<tr><td>學習方式</td><td colspan="5">□脫產　　□半脫產　　□不脫產</td></tr>
<tr><td>學費</td><td colspan="5"></td></tr>
<tr><td rowspan="4">審批情況</td><td>部門意見</td><td colspan="5">簽字：　　　　　　　　＿＿年＿月＿日</td></tr>
<tr><td>人力資源部意見</td><td colspan="5">簽字：　　　　　　　　＿＿年＿月＿日</td></tr>
<tr><td>主管副總意見</td><td colspan="5">簽字：　　　　　　　　＿＿年＿月＿日</td></tr>
<tr><td>總經理審批意見</td><td colspan="5">簽字：　　　　　　　　＿＿年＿月＿日</td></tr>
<tr><td colspan="2">培訓開發結果</td><td colspan="5">□畢業　　□結業　　□未結業　　□肄業</td></tr>
<tr><td colspan="2">備註</td><td colspan="5"></td></tr>
</table>

說明：此表基本情況和培訓情況由員工認真、如實填寫。

(三)培訓項目實施計劃表

表 5-3　培訓項目實施計劃表

培訓名稱		年度班次		培訓地點		培訓講師	
培訓目的							
培訓對象		培訓人數		培訓時間		主辦單位	
預算費用							
培訓性質							
培訓科目	科目名稱	授課時數	講師名稱	教材來源	教材大綱	器材準備	備註
培訓方式							
培訓進度	週次	主要培訓內容					備註
	第1週						
	第2週						
	第3週						
	第4週						

(四)年度培訓工作計劃範本

1.上年度培訓工作總結

(1)上年度培訓計劃整體完成情況良好，各部門均按照年初制訂的培訓計劃對部門內部人員進行了相關培訓，培訓目標基本達成，各項培訓計劃完成率達到 100%，有力地支援了企業經營目標的實現。

(2)上年度培訓費用預算爲＿＿＿萬元，實際使用＿＿＿萬元，培訓費用預算達成率爲＿＿＿%。

⑶上年度在培訓過程中存在培訓內容針對性、目的性不強，培訓重點不突出等問題。

2.本年度培訓需求分析

（略）

3.本年度培訓工作計劃與目標

⑴新員工入職培訓

根據公司年度人員需求計劃，本年度內共舉辦____次新員工入職培訓，培訓考核合格率達到____%以上。

⑵中基層管理人員及儲備管理人員的培訓

計劃組織部門經理系列培訓____次，培訓考核合格率達到____ %以上，基層主管培訓____次，儲備管理人員培訓____次，培訓考核合格率達到____%以上。

⑶專業知識培訓

組織銷售部、市場部、技術部、生產部及其他職能部門的專業知識培訓各____次，培訓考核合格率達到____%以上。

⑷外派培訓

因企業發展的需要，組織相關員工參加外派培訓於本年度的____月～____月進行，若因工作臨時需要參加的，公司會根據實際情況另行安排。

（五）本年度培訓費用預算

根據制訂的培訓計劃及企業實際情況和上年度培訓費用支出情況，人力資源部將本年度培訓費用總預算初步核定爲____萬元。

(1)新員工入職培訓費用預算為＿＿＿萬元。

(2)中層管理人員培訓預算為＿＿＿萬元，基層主管人員培訓預算為＿＿＿萬元，儲備管理人員培訓預算為＿＿＿萬元。

(3)各部門專業知識技能培訓的預算為＿＿＿萬元。

(4)外派培訓預算為＿＿＿萬元。

（六）培訓計劃安排

本年度公司的培訓項目與內容安排見表 5-4。

表 5-4　公司本年度培訓計劃表

培訓項目	培訓重點	培訓實施時間	培訓實施部門
新員工入職培訓	瞭解公司整體狀況，增強員工的認同感和歸屬感，以便更快勝任工作	第一階段為＿月～＿月；第二階段為＿月～＿月	人力資源部 各職能部門
部門經理系列培訓		＿＿＿月～＿＿＿月	人力資源部 外部培訓機構
基層主管系列培訓	提升其管理能力，提高公司的管理效率	＿＿＿月～＿＿＿月	人力資源部
儲備管理人員系列培訓		＿＿＿月～＿＿＿月	人力資源部
專業知識技能培訓	提升崗位專業技能	各職能部門自行安排	人力資源部
外派培訓	提升專業知識技能，作為骨幹員工或中高層管理者的儲備人才	＿＿＿月～＿＿＿月，臨時需要參加的培訓，依實際情況進行安排	外部培訓機構

（七）培訓計劃執行安排

在培訓計劃制訂及執行過程中，相關部門需配合完成以下的工作。

(1)各部門需根據部門本年度年工作計劃切實找出部門培訓需求，並將需求詳細填入「部門培訓需求調查表」。

(2)各部門經理可從個人在工作中遇到的實際問題著手，找出自己目前最需要改進或完善的地方，並填寫「中層管理人員培訓需求調查表」。

(3)人力資源部根據各部門培訓計劃制定培訓費用預算後，需財務部提供配合與支援。

（八）培訓效果評估安排

培訓實施結束後，人力資源部或各職能部門應對培訓實施效果展開評估，評估的方式可以採取評估調查表、測試、工作類比等方式進行。

心得欄 _____

_____

_____

_____

_____

_____

三、培訓計劃的制訂流程

（一）適用範圍

為加強對培訓計劃制訂工作的管理，確保所制訂的培訓計劃符合公司發展要求，特制定本控制程序。

本控制程序適用於公司所有培訓計劃。

（二）含義界定

本控制程序所稱的培訓計劃包括公司年度培訓計劃、季培訓計劃、月培訓計劃三種。

（三）責任說明

培訓部：

在制訂培訓計劃的過程中，培訓部人員的職責如下所示。

- 提出公司整體培訓計劃管理工作的指導作法。
- 負責公司年度培訓計劃的審批。
- 根據培訓需求調查分析結果，確定培訓目標。
- 在明確培訓目標的前提下，確定年度培訓計劃的構成要素。
- 擬訂公司年度培訓計劃。
- 負責實施公司年度培訓計劃的溝通、確認和報審工作。
- 負責公司季和月培訓計劃的審批。
- 組織培訓專員實施培訓調查和培訓需求調查分析活動。

・擬訂公司季和月培訓計劃。

・負責實施季和月培訓計劃的溝通與確認和報審工作。

・協助培訓部經理制訂年度培訓計劃。

・負責撰寫培訓需求調查報告。

・具體實施培訓需求調查工作。

・整理培訓需求調查資料，協助培訓主管撰寫培訓需求調查報告。

・協助培訓部主管進行季和月培訓計劃的制訂、評審和完善工作。

相關部門：

在制訂培訓計劃的過程中，相關部門人員的職責有以下幾點。

1.部門經理

・協助培訓主管開展本部門員工培訓需求調查工作。

・協助培訓主管進行培訓計劃溝通與確認。

2.部門主管

・匯總整理本部門員工培訓需求。

・將匯總後本部門員工培訓需求上報培訓部。

・開展培訓需求調查時，積極提供相關的培訓需求信息。

（四）培訓計劃組成要素

1.培訓目標

培訓目標就是培訓活動的目的和預期成果，在制訂培訓計劃前，培訓部一定要制定培訓目標。通常情況下，培訓目標的

確立需要經過提出、改進和最後確定三個階段。

(1)提出初步的培訓目標

培訓部組織公司的培訓講師、培訓對象以及公司管理者等將培訓可能達到的目標和需要解決的問題一一對應列出，以備培訓完成後進行培訓效果評估和檢查。

(2)改進培訓目標

在提出初步的培訓目標後，培訓部應將不具體的培訓目標具體化，將不可量化的培訓目標量化，將層次不清的培訓目標層次清晰化。

(3)確定最終培訓目標

經過改進和分析，培訓部將培訓目標用文件的形式固定下來。

 2.培訓時間與地點

(1)培訓時間

在確定培訓時間時，培訓部應與培訓對象所在的部門經理進行協商確定。

(2)培訓地點

在選擇培訓地點時，要根據培訓方式和方法而定。

 3.培訓內容

針對不同的培訓對象，其培訓內容都是不一樣的。

表 5-5 不同培訓類別培訓內容設置一覽表

培訓類別	培訓對象	培訓內容
職前培訓	新員工、新崗位任職人員	企業文化、企業發展狀況、相關規章制度等
專業技能提升培訓	在職人員	研發、生產、品質、市場、銷售、財務、客服等專業技能培訓
管理能力培訓	基層、中層以及高層管理人員	管理能力提升培訓

4.培訓實施責任部門和講師

(1)培訓責任部門

通常情況下，公司的所有培訓活動均由培訓部完成，相關部門協助培訓部實施培訓活動。

(2)講師的選擇

公司培訓講師的來源有兩個，即公司內部講師和外部專業培訓講師。培訓部在選擇外部專業培訓講師時，要考慮他們的工作經驗、授課經驗、授課效果和課酬標準等方面。

5.培訓對象

根據培訓需求調查分析結果和公司的發展要求，確定培訓對象。

6.培訓教材以及相關工具

(1)培訓教材

培訓教材包括印刷材料(如書籍、手冊、指南、圖表、試卷等)和視聽材料(如錄影帶、光碟、錄音等)，其來源主要是購買、

自行編制和錄製。

(2)培訓工具

對於常用培訓工具，培訓部可以向公司相關部門申請購買；對於非常用培訓工具，培訓部可以向租賃企業租賃。公司應指定專門人員對培訓工具進行保管，以免造成損壞和丟失。

7.培訓形式

公司的培訓形式有多種，培訓部要根據培訓對象的入職時間、是否在職以及職位級別選擇不同的培訓方式，具體內容如下圖所示。

（五）培訓計劃溝通與確認

培訓計劃溝通與確認的主要目的是獲得其他部門管理者和員工的支持。

1.培訓計劃溝通與確認內容

培訓計劃溝通與確認的主要內容包括七個方面，即培訓內容、培訓時間和地點、培訓講師、培訓對象、培訓教材以及相關工具、培訓形式、培訓預算等。

2.培訓計劃溝通與確認結果

培訓部與其他部門的管理者和員工溝通時，應詳細記錄他們的意見，以便修改培訓計劃，使其能夠更好地滿足廣大員工的培訓需求。

（六）培訓計劃報審

1.年度培訓計劃報審

　　經過溝通與確認後的公司年度培訓計劃由培訓部經理負責擬訂和報審，由培訓總監負責審批。

　2.季和月培訓計劃報審

　　經過溝通與確認後的公司季和月培訓計劃由培訓主管負責擬訂和報審，由培訓部經理負責審批。

（七）相關文件與記錄

1.年度培訓計劃。

2.季培訓計劃。

3.月培訓計劃。

心得欄 _____

_____

_____

_____

_____

_____

_____

_____

四、培訓計劃的變更流程

（一）適用範圍

　　為規範公司培訓計劃變更的管理行為，確保變更後的培訓計劃順暢執行，減少因培訓計劃變更而帶來的支出或損失，特制定本控制程序。

　　本控制程序適用於公司年度培訓計劃、季培訓計劃以及月培訓計劃變更管理。

（二）責任劃分

1.培訓部

在培訓計劃變更過程中，培訓部人員的職責如下表所示。

表 5-6　培訓部人員職責一覽表

崗位名稱	相關職責
培訓總監	審批變更的年培訓計劃
培訓部經理	1.負責年度培訓計劃變更溝通與確認 2.擬定年度培訓計劃變更草案 3.審批變更的季和月培訓計劃
培訓主管	1.負責季和月培訓計劃變更溝通與確認 2.擬定季培訓計劃變更草案以及月培訓計劃變更草案 3.協助培訓部經理做好年度培訓計劃變更溝通與確認工作
培訓專員	1.受理培訓計劃變更申請，並將變更申請上報培訓主管 2.協助培訓主管做好季培訓計劃和月培訓計劃的變更溝通與確認工作

2.相關部門

在培訓計劃變更過程中，各相關部門的職責如下表所示。

表 5-7　相關部門人員職責一覽表

崗位名稱	相關職責
部門經理	1.審核部門主管提交的培訓計劃變更申請單，及時提交培訓部 2.協助培訓部經理做好年度培訓計劃變更的溝通與確認工作
部門主管	1.根據部門員工上報的培訓計劃變更事項，填寫「培訓計劃變更申請單」 2.協助培訓主管做好季和月培訓計劃變更的溝通與確認工作
部門員工	培訓計劃變更事項發生時，立即報告部門相關負責人

（三）培訓計劃變更實施

1.培訓計劃變更事項為保證公司培訓活動能夠順利實施，培訓計劃原則上是不允許變更的。但是，如果公司戰略、公司業務、外部經營環境、受訓學員和培訓師發生變化時，允許對培訓計劃作出變更和調整。

2.培訓計劃變更申請

發生變更事項時，相關部門主管要填寫「培訓計劃變更申請單」，並由部門經理及時提交培訓部，以避免影響公司整體培訓計劃的實施。

3.受理培訓計劃變更申請

(1)年度培訓計劃變更申請的處理

培訓專員接到公司相關部門提交的年度培訓計劃變更申請單後，則應直接將培訓計劃變更申請單提交培訓部經理，且年

度培訓計劃變更的後續工作由培訓部經理組織實施。

(2)季和月培訓計劃變更申請的處理

培訓專員接到公司相關部門提交的季和月培訓計劃變更申請單後，則應將培訓計劃變更申請單提交培訓主管，且季和月培訓計劃變更的後續工作由培訓主管組織實施。

4.擬定培訓計劃變更草案

(1)年度培訓計劃變更草案的擬定

公司年度培訓計劃變更草案由培訓部經理負責編寫，由培訓主管協助培訓部經理收集相關資料，並提供可行意見。

(2)季和月培訓計劃變更草案的擬定

公司季和月培訓計劃變更草案主要由培訓主管負責編寫，由培訓專員負責提供相關資料和建議。

5.培訓計劃變更溝通與確認

(1)年度培訓計劃溝通與確認

培訓部經理就年度培訓計劃變更草案的變更事項與公司相關部門經理和主管進行變更溝通，以確保變更後的培訓計劃能夠滿足部門發展的需要。

(2)季和月培訓計劃溝通與確認

培訓主管就季和月培訓計劃變更草案的變更事項與相關部門主管以及員工進行變更溝通，保證變更後的培訓計劃能夠滿足員工工作和自我發展的需要。

6.正式擬訂變更培訓計劃

(1)變更年度培訓計劃的擬訂

年度培訓計劃變更溝通與確認後，培訓部經理按照相關部

門經理和主管針對年度培訓計劃變更草案提出的修改意見，進行修改變更草案，並重新擬訂公司的年度培訓計劃。

(2)變更季和月培訓計劃的擬訂

季和月培訓計劃變更溝通與確認後，培訓主管按照相關部門主管和員工針對季和月培訓計劃變更草案提出的修改意見進行修改變更草案，並重新擬訂公司的季和月培訓計劃。

7.報審變更培訓計劃

(1)變更年度培訓計劃報審

培訓部經理將正式擬訂的年度變更培訓計劃提交培訓總監審批。

(2)變更季和月培訓計劃報審

培訓主管將正式擬訂的變更季和月培訓計劃提交培訓部經理審批。

8.下發培訓計劃變更通知單

變更培訓計劃通過審批後，培訓部向相關部門下發「培訓計劃變更通知單」，並將變更後的培訓計劃附在培訓計劃變更通知單後，以便於相關部門做好安排。

五、培訓企劃書的範本

圍繞市場競爭不斷加劇和全球經濟一體化的大背景，公司通過對員工進行培訓，提高員工的工作技能、知識層次，從整體上優化人才結構，培養國際化人才，從而增強自身的綜合競爭力。

（一）培訓目標

公司的培訓目標主要有以下三個方面。

1.實現公司戰略目標。

2.提高員工的績效和綜合素質。

3.把培訓塑造成一種文化，使員工和管理者認同培訓。

（二）培訓需求調查

培訓部在確定具體的培訓內容和培訓方式之前，要進行培訓需求調查，確定出公司每類人員的培訓重點，以保證公司開展的所有培訓項目能夠滿足公司業務發展和員工自身發展的需要。在培訓需求調查的過程中，培訓部主要採用調查問卷的方法獲得員工的培訓需求。

（三）培訓實施

結合培訓需求調查結果和不同受訓學員的特點，可把培訓分為管理人員培訓、專業技能人員培訓、普通員工培訓和新員工崗前培訓四種類型。

1.管理人員培訓

(1)培訓重點

中高層管理者的培訓重點在於管理者能力的開發，通過培訓，激發管理者的個人潛能，增強團隊活力、凝聚力和創造力，使管理者加深對現代企業經營管理的理解，瞭解公司內外部的形勢，樹立長遠發展的觀點，提高管理者的計劃、執行能力。基層管理者的培訓重點在於管理制度、團隊建設、企業文化以

及生產實踐等方面的培訓。

(2)培訓方式

公司對管理人員培訓主要採用以下三種方式，具體內容如下表所示。

表 5-8　管理人員培訓方式一覽表

序號	培訓方式
1	參加各種研修班、研討會、公開課，提高管理技能；由培訓部提供相關信息，或由管理人員提出
2	集中討論與自學相結合，掌握新諮詢，瞭解行業動態
3	參加拓展訓練，提高團隊協作、創新能力

2.專業技能人員培訓

(1)培訓重點

專業技能人員培訓重點在於創新思維能力、專業技能提升、企業文化認可、忠誠度等方面。

(2)培訓方式

公司對於專業技能人員的培訓方式主要有以下三種，具體內容如下表所示。

表 5-9　專業技能人員培訓方式一覽表

序號	培訓方式
1	內訓或外出參加公開課方式，提升管理、崗位技能
2	繼續教育學習
3	參加拓展訓練，提高團隊協作能力

3.普通員工培訓

(1)培訓重點

員工培訓重點在於提高專業技能、領悟公司經營管理理念、提高工作的主動性和積極性等方面。

(2)培訓方式

公司對員工的培訓方式主要有以下兩種方式，具體內容如下表所示。

表 5-10 普通員工培訓方式一覽表

序號	培訓方式
1	內訓，如企業文化培訓、公司規章制度培訓
2	現場演示，如操作技能現場演示、工作程序演示等

4.新員工崗前培訓

(1)培訓重點

新員工崗前培訓主要針對公司新接收的大中專畢業生、社會招聘人員進行的培訓，其培訓重點主要為企業文化、經營目標、相關制度以及部門主管，就崗位工作內容和程序方面的培訓等。

(2)培訓方式

對新員工的培訓採用課堂集中學習方式，使新員工逐步認識公司，加深對公司企業文化的理解，儘快融入到公司中。

（四）培訓效果評估

培訓效果評估應從以下四個方面入手。

1.受訓人員的反應

在培訓結束後,向受訓人員發放員工「受訓意見調查表」,瞭解受訓人員對培訓的反應及通過培訓有那些收穫。反應的內容主要包括課程內容設計,教材內容、品質,培訓組織情況,培訓所學的知識和技能是否能在將來的工作得到應用四方面。

2.受訓人員對知識、技能的掌握

評估受訓人員是否掌握了所學的知識和技能。通過對培訓前後考試成績的比較,或要求受訓人員在一定時間內提交一份培訓心得,以便評估其培訓效果。

3.受訓人員對知識、技能的應用以及行為和業績的改善

培訓結束半年或一年後,培訓部人員可以通過觀察法或調查問卷法,對受訓人員對知識、技能的應用以及行為和業績的改善進行評估。

4.培訓為公司帶來的影響和回報

對培訓進行綜合評價,包括工作品質是否提高、費用是否節約、利潤是否增長等。

(五) 培訓實施過程中應注意的問題

在培訓實施過程中,培訓部要注意以下三個方面的問題。

1.培訓部在日常工作過程中,應注意培訓課題的研究與開發,及時收集國內知名顧問諮詢和培訓公司的講師資料、培訓課程資料,結合公司需要和部門培訓需求,不定期地向有關部門推薦相關培訓課程信息。

2.培訓不能形式化,要做到有培訓、有考核、有提高。外

派培訓人員回來後必須進行培訓總結和內容傳達，並將有關資料交培訓部歸檔保存。

　　3.培訓部在安排培訓時，一要考慮與工作的協調，避免工作時間與培訓時間相互衝突；二要考慮重點培訓與普遍培訓的關係，盡可能避免某一部門某一人員反覆參加培訓，而其他人員卻無機會參加培訓的現象發生。綜合考慮，以公司利益和需要為標準，全面提高員工隊伍素質。

六、培訓計劃書的範本

（一）培訓內容

　　為提高公司銷售人員的基本素質和工作技能，激發銷售人員的潛能，提高銷售人員的自信心，從而提高銷售人員的業績，實現公司的市場目標，特制定本計劃書。

　　公司培訓部於＿＿＿＿年＿＿＿＿月＿＿＿＿日至＿＿＿＿月＿＿＿＿日開展了銷售人員培訓需求調查，瞭解了公司銷售人員目前的工作狀態，為科學合理地制訂＿＿＿＿＿年度銷售人員培訓計劃提供了依據（需求調查結果在此略）。

　　根據銷售人員培訓需求調查結果，培訓部確定了＿＿＿＿＿年度銷售人員培訓的內容，如下表所示。

表 5-11　年度銷售人員培訓內容一覽表

培訓項目	培訓內容
知識	企業知識，如企業發展歷史、經營理念、文化、組織結構、規章制度等
	產品知識，如產品的品種、用途、生產技術、價格、包裝、產品競爭對手及其產品等
	銷售知識，如消費者行為知識、銷售策劃知識、銷售管道知識、促銷知識等
	客戶知識，如客戶信息及其管理知識、客戶關係管理知識等
	商務禮儀知識，如商務著裝、商務邀約禮儀、商務會面禮儀、商務活動禮儀、商務聚會禮儀、商務聚餐禮儀、商務饋贈禮儀饋贈等
技能	銷售管道管理技能，如銷售管道決策、拓展、建設與維護，以及管道衝突解決等
	經銷商管理技能，如經銷商選擇、培育、激勵、考核、獎懲等
	溝通技能，如談判、演講、商務信函寫作等
	自我管理技能，如壓力管理、時間管理以及職業生涯規劃
職業素養	心理素質
	責任意識
	敬業精神團隊精神忠誠度

（二）培訓方式

　　針對銷售人員的培訓，公司採用內部培訓與外部培訓相結合的方式。

（三）培訓講師

1.知識類培訓

(1)對於企業知識、產品知識和行業知識的培訓，分別由公司內部講師＿＿＿、＿＿＿和＿＿＿負責培訓。

(2)對於銷售知識、客戶知識和商務禮儀知識的培訓，分別由外部培訓＿＿＿、＿＿＿、＿＿＿負責培訓。

2.技能類培訓

對於銷售管道開發技能、經銷商管理技能、溝通技能、自我管理技能培訓，分別由外部培訓師＿＿＿、＿＿＿等負責培訓。

3.職業素養培訓

(1)針對銷售人員心理素質的培訓採取拓展訓練的方式進行，由公司培訓部主管＿＿＿和××培訓諮詢有限公司的其同負責培訓。

(2)針對銷售人員責任意識、敬業精神以及忠誠度的培訓採用多媒體教學法，分別由外部培訓師＿＿＿、＿＿＿、＿＿＿負責培訓。

(3)銷售人員團隊精神的培訓採用角色扮演法，由外部培訓講師＿＿＿負責培訓。

（四）培訓時間和地點

針對銷售人員的＿＿＿年度培訓計劃的時間和地點安排，如下表所示。

表 5-12 ____年度銷售人員培訓時間與地點安排

培訓時間	培訓內容	培訓地點	備註
1 月 12 日～1 月 15 日	企業知識、產品知識和行業知識	公司辦公樓 2 樓 202 室	
2 月 17 日～2 月 18 日	銷售知識、客戶知識	A 飯店 2 樓 101 會議室	
3 月 8 日	商務禮儀知識	待定	
4 月 10 日～4 月 13 日	銷售管道管理	B 大學 3 號教學樓 105 室	
5 月 16 日～5 月 19 日	經銷商管理技能	待定	
6 月 10 日～6 月 13 日	溝通技能	待定	
7 月 19 日～6 月 21 日	自我管理技能	待定	
8 月 13 日	心理素質培訓	B 戶外拓展中心	
9 月 20 日	責任意識培訓	待定	
10 月 9 日	敬業精神培訓	待定	
11 月 3 日	團隊精神培訓	待定	
12 月 5 日	忠誠度培訓	待定	
說明	培訓時間和地點安排可能會根據公司的實際情況進行調整，請以培訓通知書中所列明的時間和地點為準		

（五）培訓費用預算

實施____年度銷售人員培訓計劃所需的經費預算情況如下表所示。

表 5-13　年度銷售人員培訓預算一覽表

經費支出項目	數額
培訓講師課時費	250000 元
培訓講師餐飲、交通費	30000 元
培訓教材費	5000 元
列印、複印費	1500 元
培訓場地租賃費	70000 元
飲用水以及其他費用	3000 元
合計	359500 元

心得欄

第 *6* 章

培訓運營實施的執行範本

一、培訓場地的選擇流程

（一）目的

　　培訓場地選擇是否恰當直接影響著培訓效果的好壞。爲避免培訓場地選擇不當給培訓實施帶來的不利影響，保證培訓場地選擇的效率和效果，特制定本控制程序。

（二）明確培訓項目對培訓場地要求

　　培訓部根據培訓項目的形式、方法、人數、對象、時長、預算等明確培訓項目對培訓場地的選擇標準。以下五項標準供讀者參考。

　　1.培訓場地的大小。培訓場地不宜太大，也不宜太小，一般以人均 4 平方米較爲合適。

2.培訓場地的光線。培訓場地應光照充足，光線太暗容易使學員昏昏欲睡。

3.培訓場地的音響。要確保每個角落的音響聲音合適，不能過於震耳，也不能聽不清楚。

4.培訓場地的週圍環境。週圍環境包括交通、噪音、氣味等，應做到交通便利、噪音小、無難聞的氣味。

5.培訓場地的茶水和餐飲等配套服務。配套服務應及時、方便。

（三）分析內部場地能否滿足培訓要求

1.培訓部人員根據培訓場地選擇標準分析公司現有的培訓場地是否能滿足要求。若無法滿足要求，培訓部人員應當報請培訓部經理同意後選擇外部培訓場地。

2.培訓部人員不得在未對公司現有培訓場地進行分析的條件下直接選擇外部培訓場地。

（四）外部培訓場地選擇控制

1.聯繫外部機構。聯繫外部機構前，需要對外部機構的信譽、經營實力、人員規模等信息進行瞭解。

2.分析、比較備選培訓場地的優劣。培訓場地的優劣主要表現在場地設施、場地地點、場地配套服務方面。

3.選定最終培訓場地並報培訓部經理同意。培訓部經理同意後，培訓部人員同培訓機構簽訂場地租用合約。場地租用合約的內容包括租用時間、租用費用、配套服務、付款方式、免

責規定等。

（五）培訓場地選擇工作總結和資料管理

1.培訓部人員在完成培訓場地選擇工作後，需編寫培訓場地選擇工作總結，總結場地選擇的經驗。

2.資料管理。培訓部人員對培訓場地選擇過程中形成的資料進行整理分類，尤其是應對外部培訓場地提供機構的資料進行整理，將其納入培訓供應商檔案進行管理。

二、培訓現場督導的控制流程

（一）督導人員的職責

為及時發現、糾正培訓現場中存在的問題，指導培訓現場督導工作的開展，確保培訓效果，根據公司相關培訓規定，特制定本控制程序。

1.督促培訓現場相關人員順利開展培訓工作。

2.及時發現培訓現場中存在的問題，並全力解決。

3.及時上報培訓現場無法解決的問題，最大化地減少損失。

（二）督導事項和方法控制

1.督導事項

(1)培訓講師是否按照預先制定的課程大綱和課程實施方案開展培訓。

(2)受訓人員是否按照培訓實施計劃規定的要求接受培訓。

(3)培訓服務人員是否按照培訓開展要求提供相應的服務。

(4)培訓現場是否存在影響培訓實施的不利因素。

2.督導方法

現場督導的方法包括觀察法、訪談法和關鍵事件法等。

（三）督導實施控制

1.進行觀察、記錄

督導人員應對現場的人員和工作開展情況進行仔細觀察。督導人員需按照觀察時間和對象的不同對觀察結果進行記錄。

2.處理現場情況

現場情況主要是指現場突發事件和意外事件，包括培訓講師和受訓人員之間的爭執、斷電、設備故障等。處理現場突發事件和意外事件的原則包括以下兩個方面。

(1)確保事件影響最小化。

(2)確保事件損失最小化。

3.編寫督導工作報告

督導工作結束後，督導人員需編寫培訓現場督導工作報告，報告的內容主要有以下幾點。

(1)培訓現場基本信息(培訓講師、學員、服務人員、培訓時間、培訓方式、課程名稱等)。

(2)培訓現場督導工作總結。

(3)督導中發現的問題。

(4)培訓現場需要改進的地方。

4.整理、匯總督導資料

督導資料是對培訓現場客觀、真實的反映，培訓現場督導人員應對督導資料進行整理，篩選出有價值的資料進行匯總保存，以備考查。

（四）督導懲罰

1.督導人員不提交督導記錄和工作報告的，每出現一次扣＿＿＿＿元。

2.督導人員填寫虛假督導記錄和工作報告的，每出現一次扣＿＿＿＿元。

3.督導人員不認真履行現場督導職責而被投訴的，每出現一次扣＿＿＿＿元。

4.督導人員未認真履行督導職責，導致培訓現場失控的，每出現一次扣＿＿＿＿元。

心得欄 ┈┈┈┈┈┈┈┈┈┈┈┈┈┈┈┈┈┈┈┈┈┈

┈┈┈┈┈┈┈┈┈┈┈┈┈┈┈┈┈┈┈┈┈┈┈┈┈┈

┈┈┈┈┈┈┈┈┈┈┈┈┈┈┈┈┈┈┈┈┈┈┈┈┈┈

┈┈┈┈┈┈┈┈┈┈┈┈┈┈┈┈┈┈┈┈┈┈┈┈┈┈

┈┈┈┈┈┈┈┈┈┈┈┈┈┈┈┈┈┈┈┈┈┈┈┈┈┈

三、培訓現場的評估流程

（一）培訓現場評估內容和標準

　　爲全面、準確地掌握培訓現場的實際情況，確保培訓效果持續高效，特制定本控制程序。培訓現場評估包含多項內容，每一項評估內容都有其評估標準，具體如下表所示。

表 6-1　培訓現場評估內容和標準

評估內容	評估內容細化	評估標準
培訓環境	1.教室佈置。包括橫幅、座位、茶點、錄影/錄音、速記、音響、燈光、線路	1.是否齊全 2.佈置是否恰當
	2.教學設備。投影儀(膠片、多媒體)、電腦、麥克、電視機、鐳射筆；白板、白板筆、板擦；照相/錄影機；教學用白紙、粗筆、膠帶、裁紙刀	1.是否齊全 2.功能是否正常
培訓講師	1.教學內容設計和講解	1.內容設計是否合理 2.內容講解是否準確
	2.儀表、著裝和風格	1.著裝是否整潔 2.控場能力強弱
受訓學員	1.紀律遵守情況	1.違規違紀發生次數
	2.現場參與情況	2.參與積極性高低
培訓服務	1.培訓服務的全面性，包括飲水、茶點、資料袋、教材、胸卡、筆記本和筆、作息時間安排	1.培訓服務項目是否齊全
	2.培訓服務的及時性。飲水與飲水用具供應、茶點供應、課間銜接(音樂放、停等)、就餐秩序與安排	2.培訓服務是否有拖延現象

（二）培訓現場評估步驟

1.確定評估對象

根據具體培訓項目的不同，可以選擇不同的現場評估對象。評估對象可以是培訓現場的人員，也可以是培訓現場的服務和環境。

2.選擇評估內容

評估內容就是在明確了評估對象後，選擇具體的評估項目，並確定評估標準。

3.實施現場評估

(1)獲取準確、全面的評估數據。

在獲得評估數據後，應當對評估數據進行核實。

(2)填寫「現場評估分析表」。

「現場評估分析表」必須由培訓部指定人員填寫，不得代填。

4.匯總、分析評估數據

匯總、分析評估數據就是將收集到的數據按照一定的順序進行匯總。匯總完畢後，要區分匯總數據的真實性、合理性，刪除無效數據和錯誤數據。

5.得出評估結論

(1)評估結論是對培訓現場整體管理效果的認定，評估結論需要對現場情況做出肯定或否定的判斷。若做出否定的判斷，還應當具體說明其原因。

(2)在得出評估結論的基礎上，針對培訓現場的管理情況，培訓部應指定人員提出改進和優化措施。

四、講師授課評估控制程序

（一）適用範圍

　　為全面評估講師授課的品質，並為講師管理提供依據，特制定本控制程序。

　　本控制程序適用於對講師授課現場的評估管理工作。

（二）制定講師授課評估標準

　　講師授課評估標準如下表所示。

表 6-2　講師授課評估標準

評估項目	權重	標準
儀表著裝	10%	衣著合體、乾淨、整潔
肢體語言運用	8%	合理、有效地運用肢體語言
語言表達	10%	言語表達流暢，無斷續，富有感染力
語音語調	8%	發音清晰準確，聲音洪亮
教材講義	10%	教材講義內容豐富、條理清楚、章節分明
節奏控制	8%	能有效控制授課時間、課程進度和課堂討論
心理素質	10%	授課自然放鬆、自信
聯繫實際	10%	案例充分，能有效結合工作實際
知識寬度、廣度	10%	充分理解所授課程，掌握豐富的知識
培訓工具運用	10%	培訓工具運用熟練
其他	6%	對教案的理解程度、對課堂氣氛的活躍程度等

（三）評估實施

1.明確評估項目和評估標準

⑴評估項目包括授課進度、授課技巧、授課工具、授課內容以及總體授課效果等。

⑵在明確評估項目的基礎上，制定每個評估項目的具體標準。

⑶標準確定後，應確定每個標準的權重或分值。

2.設計評估表單

為配合評估活動的開展，應在評估活動開展前設計評估表單，即「講師授課評估表」。表單的內容應包括評估項目、評估標準、權重分配、總分、被評估人信息、填表人信息、審核人信息等。

3.審核評估表單

培訓主管應根據培訓的目的審核「講師授課評估表」設計的合理性、針對性，重點判斷權重分配是否同培訓要求保持一致。

4.實施評估，填寫表單

⑴講師授課評估的主體是培訓部培訓專員、培訓講師和受訓學員。

⑵在講師授課完畢後三天內，培訓部培訓專員、培訓講師和受訓學員應對授課情況進行評判，並填寫「講師授課評估表」。

⑶填表人員必須保證所填寫表單內容的準確性、真實性。一旦發現填寫虛假信息，培訓部將視情況給予警告和罰款處分。

(4)培訓部匯總相關人員填寫的「講師授課評估表」並進行初審，重點審核表單信息的準確性、全面性。

5.覆核表單內容

培訓部經理覆核表單內容的真實性、準確性和合規性。若發現表單內容有任何一項不符合要求，則應責令相關人員予以改正。

6.得出評估結果

評估結果包括五種，分別是優秀、良好、合格、差、極差。

7.應用評估結果

(1)若為外部培訓講師，則根據評估結果作出「繼續合作」、「更換講師」、「停止合作」的決定。

(2)若為內部培訓講師，則根據評估結果作出「晉級」、「降級」、「解聘」等的決定。

心得欄 --------------------------------

五、學員意見的收集流程

（一）目的和種類

1.目的

為及時瞭解學員對於培訓項目的意見，使培訓項目的開展更能切合學員需求，進而改進培訓項目的運營品質，特制定本控制程序。

2.種類

本控制程序所指的意見包括如下內容。

(1)培訓項目運營的流程、制度等的不合理之處。

(2)培訓項目運營過程中執行不到位的環節和事項。

(3)培訓項目運營過程中有待改進的環節和事項。

（二）學員意見收集範圍

1.培訓組織管理情況

課程時長、授課時間、授課地點、授課資料配備等。

2.培訓講師授課情況

授課內容、授課風格、授課技巧、授課互動等。

3.培訓服務管理情況服務項目的種類、服務的及時性、服務的週到性。

（三）學員意見收集過程

1.選擇學員意見收集管道和方法

　　學員意見的收集管道包括訪談、電話詢問、電子郵件填寫、行爲觀察等。無論選擇那種管道收集學員意見，都應確保學員意見的真實性和全面性。

　2.設計學員意見收集表單

　　爲便於對學員意見進行匯總和分析，需要設計學員意見收集表單，即「學員回饋意見表」。培訓部在設計表單時，應確保培訓表單的設計滿足以下要求。

　(1)保證學員填寫方便。

　(2)學員知道填什麼。

　(3)學員知道怎麼填。

　(4)學員知道填寫應注意那些事項。

　3.收集學員意見

　　培訓專員在學員填寫完「學員回饋意見表」後，應及時按照部門、培訓項目等標準整理學員意見，並統計學員意見表單發放和收回的比例。

　4.匯總、分析學員意見

　　匯總、分析學員意見重點要把握學員意見所反映的問題。培訓專員在匯總、分析完學員的意見後，需要將學員意見所反映的問題按照重要程度進行排列，以備培訓項目改進時作爲參考。

　5.得出學員意見匯總結論

　　培訓部根據學員意見所反映的問題，提出培訓項目運營的改善意見。

（四）學員意見收集的獎勵

對於提出建設性意見並被採用的學員，公司應對其進行獎勵，獎勵內容包括公開表揚、月績效加分和物質獎勵等。

六、培訓場地選擇的實施範本

第 1 條 為確保員工培訓效果的最大化，避免因培訓場地選擇不當給培訓實施帶來負面影響，特制定本辦法。

第 2 條 培訓場地的選擇應以保證培訓效果最大化為目的。

第 3 條 培訓場地的選擇應確保培訓在實施過程中不被中斷或干擾。培訓方式不同，培訓場地的選擇也會有所不同。

1.拓展性訓練多在室外或者專門的拓展訓練基地進行。

2.理論性或知識性培訓多選在室內進行，室內的空間、溫度、光線等條件應適宜。

第 4 條 場地分為內部場地和外部場地。

1.內部場地包括公司會議室、辦公室、工作現場等。

2.外部場地包括露天場地、訓練基地、賓館酒店的會議室等。

第 5 條 培訓場地應交通便利、舒適、安靜、不受干擾，能夠為學員提供足夠的自由活動空間。

第 6 條 培訓場地佈置時應檢查冷氣機系統以及臨近房間、走廊和建築物之外的噪音，確保場地的採光、燈光與培訓的氣氛保持一致。

第 7 條　培訓場地的結構應便於學員看、聽和參與討論，培訓場地的燈光照明應適當，牆壁和地面的顏色應協調，天花板和桌椅的高度應恰當，電源插座設置的數量及距離應合適。

第 8 條　合理安排座位。根據學員之間及培訓講師與學員之間的交流需要來佈置座位。一般情況下，採用扇形的座位形式。

第 9 條　當培訓場地由外部機構提供時，培訓部人員應當向其提出具體的培訓場地佈置要求，並應在培訓前對培訓場地進行檢查，以確保其達到開展培訓的要求。

第 10 條　培訓現場應對衛生間做出明確標記，並確保緊急出口暢通。

第 11 條　培訓場地考察

培訓場地選擇人員在確定待選培訓場地後須對培訓場地進行現場考察，並就培訓場地的相關問題同培訓場地提供機構或人員進行溝通。

第 12 條　簽訂培訓場地租賃合約，合約的主要內容有以下幾點。

1.培訓場地租用費用。

2.培訓場地租用時間。

3.培訓場地配套服務標準。

4.雙方的權利義務。

第 13 條　培訓場地選擇人員在場地選擇過程中出現以下情況的，將給予嚴肅處理。

1.收取培訓場地提供者的賄賂。

2.從中提取回扣，損壞公司利益。

3.未進行培訓場地考察而簽訂合約。

4.未認真履行培訓場地考察職責，導致培訓場地在使用過程中出現糾紛。

第 14 條 本辦法由培訓部制定，其修改權、解釋權歸培訓部所有。

第 15 條 本辦法經總經理辦公會議審議通過後，自頒佈之日起執行。

七、培訓現場督導的管理範本

第 1 條 為加強對培訓現場的管理，避免培訓現場出現問題而影響培訓效果，特制定本辦法。

第 2 條 本辦法適用於公司所有培訓項目的現場督導工作。

第 3 條 培訓現場的督導對象主要包括以下四類。

1.培訓講師。保證培訓講師的授課品質和授課秩序。

2.受訓人員。保證受訓人員的聽課效果和聽課秩序。

3.現場服務。保證現場服務及時、週到。

4.現場環境和氣氛。保證現場環境符合培訓要求，現場氣氛熱烈。

第 4 條 培訓講師應提前 30 分鐘達到培訓現場，調試培訓現場的所有培訓設施和儀器等，以確保其能夠正常使用。

第 5 條 培訓講師不得遲到或提前結束培訓課程，每發現

1 次罰款 50 元。

第 6 條　培訓講師的板書應整齊，並在上課結束時擦掉板書。

第 7 條　注意自己的儀容儀表，不得穿過於休閒的服裝。

第 8 條　在培訓現場應嚴格要求受訓人員，並虛心聽取受訓人員的意見和建議。

第 9 條　培訓講師在培訓的各個階段應採取不同的方式，營造培訓現場氣氛，加強受訓人員之間的交流，提高受訓人員的注意力，激發受訓人員的積極性。

第 10 條　若培訓講師在培訓中遇到特殊情況，如出現對立情緒、騷動、尷尬情況時，督導人員需進行調節，幫助培訓講師渡過難關。

第 11 條　受訓人員應提前 10 分鐘到達培訓現場。不遲到，不早退，不在課堂上自由出入，若中途離開培訓現場，需向培訓講師或培訓組織者說明情況。

第 12 條　受訓人員達到培訓現場時，必須在「員工培訓簽到表」上簽名以示出勤，嚴禁其他學員代簽。一經發現，代簽學員和被代簽學員均按曠課處理。

第 13 條　受訓人員在培訓現場的服裝應簡單、大方，不得穿奇裝異服，女性不得穿緊、露、透的服裝。

第 14 條　受訓人員需遵從培訓講師的管理，不得以任何理由進行對抗。否則每發現 1 次罰款 100 元。

第 15 條　受訓人員需要遵守培訓紀律，上課期間應遵守以下規定。

1.培訓現場禁止一切不文雅的言談舉止，不得大聲說笑，應遵守培訓課堂紀律。

2.培訓過程中應關閉通信工具。對於確因工作需要不便關閉通信工具的人員，應將通信工具調至振動狀態，並到培訓課堂外接聽電話，以避免影響培訓秩序。

3.受訓人員在培訓期間應認真聽講、做好筆記，不得交頭接耳、干擾培訓秩序。

4.保持培訓現場環境衛生，嚴禁隨地吐痰、亂扔紙屑及其他雜物等陋習的出現。

第 16 條 上課期間遲到、早退依下列規定辦理：遲到、早退達 3 次者，以曠工半天論處；遲到、早退達 3 次以上 6 次以下者，以曠工一天論處；若缺勤時數超過課程總時數的 1/3，需重新補修全部課程。

第 17 條 參加外部培訓的人員在外代表公司形象，應按公司人員行為規範要求自己，不得作出有損公司名譽的行為。否則，公司將根據後果的惡劣程度對相關人員進行處罰。

第 18 條 督導人員要積極聽取學員的意見，如培訓講師培訓的優缺點、講課速度的快慢、培訓內容的深淺、培訓形式的認可度、培訓疑難解答等，要把受訓人員的意見及時回饋給培訓講師，並與培訓講師協調改進，做到讓受訓人員滿意。

第 19 條 督導人員開展督導工作時，還要察看受訓人員的表現。如果受訓人員對培訓內容無動於衷、哈欠連天、交頭接耳甚至不斷離場，督導人員應主動詢問原因，如有必要，可以請培訓講師及時調整課程內容或形式。

第 20 條　培訓現場的桌椅擺放要便於受訓人員討論。培訓的桌椅擺成小組討論的形式，座位佈置應面對講師，這樣可以將受訓人員的注意力集中在培訓講師身上，也便於受訓人員互相交流。

第 21 條　培訓現場的燈光一定要可以控制，儘量把燈光打開，營造學習的氣氛。同時，培訓講師需要足夠的光線以便讓受訓人員看清演示板，但是不能太強，避免受訓人員看不清楚投影螢幕。

第 22 條　培訓現場要保證良好的通風條件，配備冷氣機和取暖設備。

第 23 條　督導人員在督導過程中發現培訓環境有礙於培訓效果達成時，應及時同相關人員溝通，及時消除不良的培訓環境對培訓效果帶來的不良影響。

第 24 條　督導人員要對受訓人員飲食安排、現場錄影拍照、現場環境清潔、緊急情況處理、培訓講師的接送等事項的執行情況進行監督、檢查，督促相關人員提供優質的培訓服務。

第 25 條　督導人員可參與培訓過程中的事務性工作，如講義問卷下發回收、培訓設施調換準備、人員分組、數據統計分析等。

八、學員意見管理的辦法範本

第 1 條　為及時獲取聽課學員的聽課意見，並根據學員意見改進課程管理工作，特制定本辦法。

第 2 條 聽課學員是指作爲培訓對象參加公司舉辦的面授課程的人員。

第 3 條 學員意見的收集形式

1.學員在課前、課中、課後向培訓部人員口頭反映的聽課意見。

2.學員在課中、課後填寫的課程評估表中反映的聽課意見。

第 4 條 學員意見的內容。

表 6-3 學員意見內容

內容	說明
授課時間	授課時間的長短、授課時間安排的合理性
授課內容	授課內容的多少、授課內容淺顯還是深奧、授課內容與培訓需求是否匹配
授課講師	授課講師穿著是否整潔、表達是否清晰、控場是否恰到好處
授課形式	授課形式是否多樣、授課形式是否強調了互動
授課材料	授課講義的邏輯性、授課材料是否齊全、授課材料是否突出了重點
其他	授課場所是否合理、現場授課設備是否齊備、授課服務人員的態度如何

第 5 條 學員意見的收集

1.培訓部培訓現場跟蹤人員負責聽取、記錄、整理培訓現場學員的意見。

2.培訓部培訓專員負責聽取、記錄、匯總聽課學員電話提出或填表提出的意見。

3.培訓部培訓專員負責匯總所有意見並進行意見分類，填寫「聽課學員意見匯總表」。

第 6 條　學員意見的分析

1.培訓主管根據「聽課學員意見匯總表」，分析學員意見所反映的問題，並將問題進行整理。

2.培訓主管組織培訓專員、部份聽課學員、培訓現場跟蹤人員對學員意見所反映的問題進行討論。討論重點為學員意見的客觀性、問題改進的可行性、問題改進的費用、問題改進的時間等。

第 7 條　學員意見上報

培訓主管將根據學員意見整理的對於課程的改進意見和措施上交給培訓部經理，經培訓部經理認可後，培訓主管負責落實改善措施。

第 8 條　培訓主管將改進措施回饋給提出聽課意見的學員，並向其及時通告改進措施的落實情況。

第 9 條　本辦法由培訓部制定，其修改權、解釋權歸培訓部所有。

第 10 條　本辦法經總經理辦公會議審議通過後，自頒佈之日起執行。

第7章

培訓效果評估的執行範本

一、培訓部門評估的控制流程

（一）適用範圍

　　為能夠使公司培訓評估順利開展，及時解決培訓過程中出現的問題和困難，保證培訓目標的實現，特制定本控制程序。

　　本控制程序適用於公司所有的培訓項目評估活動。

（二）評估時間

　　對於培訓評估時間公司不做統一規定，培訓評估小組應根據評估的層次和實際情況確定評估時間。

（三）責任劃分

　　在培訓評估實施過程中，要成立專門的培訓評估小組，小

組成員包括培訓總監、培訓部經理、培訓主管以及培訓專員等，培訓總監擔任小組組長。培訓評估小組主要有以下五項職責。

1.開展培訓需求分析，確定培訓目標。

2.選擇評估方法，制定評估方案。

3.組織開展培訓評估工作，收集各評估信息。

4.編寫培訓效果評估報告。

5.溝通培訓項目評估結果，提出工作改進意見。

（四）做出培訓評估決定

培訓評估小組在培訓評估之前，首先要對評估的可行性進行分析，即確定評估是否有價值，評估是否有必要進行，然後明確培訓效果評估的目的。

（五）制定培訓效果評估實施方案

培訓效果評估實施方案包括以下四個方面的內容。

1.評估主體

培訓評估小組為培訓評估的主體，培訓評估小組成員全部由培訓部人員組成，他們比較熟悉和瞭解培訓實施情況，這樣可以更好地開展評估活動。

2.評估層次

按照柯氏四級評估模型，培訓評估小組對培訓效果的評估分別從受訓學員的反應評估、學習評估、行為評估和成果評估四個層次進行評估，其內容如下表所示。

表 7-1 培訓效果評估表

評估項目	主要內容	詢問的問題
反應評估	觀察受訓學員的反應	1.受訓學員是否喜歡該培訓課程 2.課程對受訓學員是否有用 3.對培訓講師及培訓設施等有何意見 4.課堂反應是否積極
學習評估	檢查受訓學員的學習成果	1.受訓學員在培訓項目中學到什麼 2.培訓前後，受訓學員的知識、理論、技能有多大程度提高
行為評估	衡量受訓學員培訓前後的工作表現	1.受訓學員在工作中是否有行為改善 2.受訓學員工作中是否會用到培訓內容
成果評估	衡量公司經營業績的變化	1.行為的改變對公司的影響是否積極 2.公司是否因為培訓而經營得更好 3.考察品質、事故、生產率、工作動力、市場擴展、客戶關係維護等各種指標的變化

(1)反應評估

培訓結束後，培訓部人員向受訓學員發放「滿意度調查表」，以瞭解其對培訓反應和感受，其主要內容包括以下四個方面。

· 對講師培訓技巧的反應。

· 對課程內容設計的反應。

· 對教材挑選及內容、品質的反應。

· 對培訓組織的反應。

(2)學習評估

為確定受訓學員在培訓結束時是否在知識、技能、態度等方面得到了提高，培訓評估小組要進行學習評估。學習評估可以採用考試的形式進行，也可以採用實際操作的形式進行。

(3)行為評估

這一階段的評估要確定受訓學員通過培訓在多大程度上發生了行為上的改進。培訓評估小組可以通過對受訓學員進行正式的測評或非正式的觀察來進行評估。

(4)成果評估

成果評估是指通過培訓，學員變化是否對公司發展起到的可見的、積極的作用，培訓是否對公司的經營成果產生了直接的影響，如事故率、生產率、員工流動率、品質、員工士氣以及客戶投訴率等。

3.選擇培訓效果評估方法

培訓效果評估方法的選擇要根據評估的層次來確定。培訓效果評估層次與評估方法如下表所示。

表 7-2　培訓效果評估層次與評估方法表

評估層次	評估方法	評估時間
反應層	問卷調查法、面談觀察法、訪談法等	培訓課程結束後
學習層	提問法、筆試法、口試法、類比練習與演示、角色扮演法等	課程進行中或結束後
行為層	問卷調查法、行為觀察法、訪談法、績效評估法、360度評估法	三個月或半年以後
成果層	生產效益分析法、指標評價法，如生產率、缺勤率、離職率等	半年或一年以後

（六）收集評估數據資料

收集評估信息時，要根據所收集到的不同信息的類型選擇不同的收集方法。具體信息收集方法有以下幾點。

1.培訓方案資料、培訓考核資料、培訓錄影資料等可通過資料收集方法得到。

2.培訓的組織工作、受訓學員的參加和反應情況、受訓學員培訓一段時間後的變化等可通過觀察法收集，也可通過訪問受訓學員、培訓實施者、培訓管理者和受訓學員的直接上級或下屬進行訪談收集信息。

3.對於培訓的組織、內容、形式、講師、綜合效果等可以通過問卷調查形式進行收集。

（七）整理和分析評估數據資料

1.評估信息的整理是運用科學方法，對調查所得的各種原始資料進行審查、核對總和初步加工，使之系統化和條理化，從而以集中、簡明的方式反映調查對象總體情況的工作過程。

2.當數據收集齊全後，要對其進行分析和統計，以便得出培訓效果評估結論。

（八）編寫培訓效果評估報告

培訓評估小組根據培訓效果評估的結果，編寫培訓效果評估報告。在編寫評估報告時，要求簡明扼要、實事求是、語言平實，儘量通過數字、圖表說明培訓的效果。總體來說，培訓效果評估報告由以下五個部份組成，具體內容如下表所示。

表 7-3　培訓效果評估報告構成表

序號	構成部份名稱	構成部份說明
1	前言	介紹所評估培訓項目實施背景、性質、目的、培訓機構、培訓持續時間、參與人員的情況等
2	實施過程概述	概述培訓評估方案設計、評估方法的應用、資料收集及評估層次等
3	結果說明	闡述培訓效果評估結果，並對培訓項目的實施效果進一步闡述說明
4	建議	根據評估結果提出有參考性的意見和建議，如在培訓成本不變的條件下是否可以通過其他培訓方案取得更大的效益
5	附錄	附錄主要包括收集和分析資料所用到的圖表、調查問卷等原始資料或評估分析資料

（九）培訓效果評估結果溝通

培訓效果評估報告確定後，要及時針對培訓效果評估結果與以下三類人員進行溝通和回饋。

1.培訓課程設計人員。培訓課程設計人員需要這些信息來改進培訓項目，只有在回饋意見的基礎上精益求精，才能提高培訓項目的品質。

2.公司管理層。公司管理層決定培訓項目資金的投入，培訓效果評估為管理層對此類培訓項目的投入決策提供依據。

3.受訓學員。受訓學員明確自己的培訓效果，並且將自己的業績表現與其他人的業績表現進行比較，有助於他們在工作中進一步學習和改進。

（十）相關文件和記錄

1.培訓效果評估實施方案。

2.培訓效果評估信息資料和數據。

3.培訓效果評估說明表。

4.培訓效果評估報告。

二、受訓學員評估控制流程

（一）評估頻率

為提高公司員工參與培訓項目的積極性，及時調整或改進公司的培訓項目，提高培訓效果，特制定本控制程序。

培訓部根據培訓項目開展的實際情況和培訓工作需要確定評估的時間，公司對此不做硬性要求。

（二）責任劃分

1.培訓部人員

在受訓學員的評估過程中，培訓部人員的主要職責有以下六個方面。

⑴組織受訓學員對培訓效果進行評估。

⑵確定受訓學員對培訓項目的評估內容。

⑶根據受訓學員的評估內容，選擇評估過程中所用的評估方法和工具。

⑷設計受訓學員培訓效果評估調查問卷，收集受訓學員對培訓效果評估的信息。

(5)整理與分析受訓學員評估信息。

(6)擬寫受訓學員培訓評估報告，提交培訓總監審批。

 2.受訓學員

在受訓學員評估過程中，受訓學員的主要職責就是積極提供培訓評估信息，協助培訓部完成評估工作。

（三）受訓學員評估實施

1.確定評估主體

因每個培訓項目的受訓學員不一樣，所以，在組織受訓學員進行評估時，培訓部人員要首先確定評估主體，即培訓項目的受訓學員。

2.確定評估內容

受訓學員對培訓效果進行評估，其評估的內容主要包括以下三個方面，具體內容如下表所示。

表 7-4　評估內容一覽表

序號	評估內容	內容說明
1	培訓課程	課程內容的實用性和針對性、課程內容的深度和廣度、課程內容邏輯安排的合理性、課程的展現形式、培訓教材與課程的匹配性以及練習冊配套性等
2	培訓講師	個人形象、責任心、授課品質等
3	培訓組織	培訓時間安排的合理性、培訓通知公佈和培訓材料發放的及時性、培訓場所與環境的適宜程度、培訓輔助設施的準備情況、培訓現場紀律的維持情況、餐飲與住宿安排等

3.收集受訓學員評估信息

通常情況下，培訓部人員在收集受訓學員評估信息時，可採用以下三種方式收集受訓學員對培訓效果的評估信息。

(1)調查問卷

受訓學員評估調查問卷是用來收集受訓學員對培訓課程、培訓講師和培訓組織等評估信息一種工具。爲便於受訓學員能夠對培訓給出真實的評估意見，培訓部人員在設計調查問卷時，應遵循以下三個原則，具體內容如下表所示。

表 7-5　受訓學員評估調查問卷設計原則

序號	設計原則	原則說明
1	區分問題類型	講問題分門別類，相同性質或類別的問題放在一起，劃分明確，重點突出
2	符合邏輯順序	問題排列符合受訓學員的閱讀習慣，先易後難，先簡後繁，先封閉後開放
3	用詞通俗易懂	問卷語言應符合受訓學員的理解能力和認知能力，避免使用專業術語

(2)小組討論法

培訓項目結束後，培訓部人員將受訓學員集中到一起開座談會，在座談會上，每個受訓學員可以自由發表對培訓課程、培訓講師、培訓組織實施情況的意見。利用這種評估方法的關鍵在於選擇 5～8 名具有代表性的受訓學員，讓他們在一個輕鬆舒適的討論環境內，說出對培訓效果的評價以及意見。

(3)訪談法

訪談法是指培訓部人員與多個受訓學員就培訓課程、培訓講師和培訓的組織實施情況進行交談，以便獲取受訓學員對培訓效果的評估意見和建議。培訓部人員在實施該方法時，應要設計一套完整的訪談清單，將訪談中所要提問的問題或要受訓學員評估的內容一一列明，並在訪談時做好訪談記錄。

4.編寫受訓學員評估報告

培訓部人員根據收集的受訓學員評估信息，編寫受訓學員評估報告。該評估報告一般包括以下四個部份的內容。

(1)培訓項目實施情況概況。

(2)受訓學員評估信息整理與分析。

(3)受訓學員對培訓評估的結論。

(4)培訓項目調整建議。

5.調整和改進培訓項目

培訓部人員根據受訓學員的評估信息和建議進行培訓調整，擬定培訓項目調整和改進方案，並提交培訓總監進行審批。

（四）相關文件與記錄

1.受訓學員評估信息記錄。

2.受訓學員培訓效果評估調查問卷。

3.培訓項目調整和改進方案。

4.受訓學員評估報告。

三、工作跟進評估的控制流程

（一）適用範圍

為規範工作跟進評估事項，提高工作跟進的效率和效果，降低工作跟進的成本，特制定本控制程序。

本控制程序適用於公司所有工作跟進評估工作。

（二）含義界定

本控制程序中的工作跟進評估主要是指學員培訓後，對其工作改善（行為改善與態度改善）進行的評估。

（三）實施時間

對於公司工作跟進評估一般在每項培訓工作結束半年或 1 年之後實施，具體實施時間培訓部還要根據不同培訓項目自身的特點進行確定。

（四）責任劃分

對於工作跟進評估由培訓部具體負責實施，受訓學員協助培訓部人員進行工作跟進評估。

（五）工作跟進實施

1.工作跟進評估要求

培訓部人員在進行工作跟進評估時要明確工作跟進評估要

求，防止評估工作出現問題。具體的工作跟進評估要求有以下兩點。

(1)工作跟進評估內容要全面。

(2)工作跟進評估要客觀公正。

 2.工作跟進評估方法

在工作跟進評估過程中，主要採用了觀察評估法和問卷調查法。

(1)觀察評估法

觀察評估法是指培訓部人員在培訓結束半年或 1 年後，觀察受訓學員在工作上的變化和改善。培訓部人員在觀察的過程中可以利用記錄或錄影的方式，將受訓學員工作改變的相關信息記錄到觀察記錄表(如下表所示)中，通過比較受訓學員在培訓前後的工作表現，瞭解其工作改進的情況。

表 7-6　受訓學員行為觀察記錄表

培訓課程			培訓日期	
受訓學員姓名			觀察記錄員姓名	
觀察記錄	受訓前	行為表現：		
		態度表現：		
	受訓後	行為改善表現：		
		態度改善表現：		
結論				
特殊事項說明				

(2)調查問卷法

調查問卷法主要指借助預先設計好的問卷，在培訓結束後一定時間向受訓學員的上級、同事以及下屬瞭解其在工作改善方面的信息的一種方法。爲保證工作跟進評估工作的客觀性，需要採用這種方法來獲得受訓學員行爲改善方面的信息，以補充觀察評估法不能得到的評估信息。

3.分析受訓學員行爲改善

培訓部人員收集信息後，應分析受訓學員工作改善與培訓之間的關係，剔除導致受訓學員工作改善的非培訓因素。

(1)內部因素，如個人努力程度的改變、個人工作經驗的增加等。

(2)外部因素，如受訓學員上級的指導、同事的幫助、公司企業文化的影響以及公司激勵方式的改變等。

4.工作跟進評估報告

工作跟進評估完成後，負責工作跟進評估的主要人員應編寫工作跟進評估報告，其具體內容包括以下五個部份。

(1)工作跟進評估工作背景概述。

(2)工作跟進評估實施程序說明。

(3)工作跟進評估結果。

(4)工作跟進評估工作改進建議。

(5)附錄。

5.工作跟進評估回饋

工作跟進評估完成後，培訓部人員要對工作跟進評估結果對受訓學員和相關人員進行回饋。

(1)受訓學員直接上級。受訓學員的直接上級通過工作跟進評估結果，可以掌握其下屬的培訓狀況，以便日後更好地指導下屬，並作為對下屬考核的參考因素之一。

(2)受訓學員。受訓學員明確了自己的工作改善情況後，有助於其取長補短，繼續努力工作，不斷提高自身的工作績效。

(3)公司高層管理者。將工作跟進評估結果回饋給公司高層管理者，有利於他們對公司培訓項目做出判斷，以提高公司資金使用效率。

心得欄

四、學員改進的報告範本

(一)調查背景概述

公司針對銷售人員銷售技能差、時常完不成銷售任務的情形,舉辦了銷售人員銷售工作技能培訓,以提高公司銷售人員的銷售技能。現在培訓工作已結束近 3 個月,爲瞭解銷售人員銷售技能的改進情況,培訓部組成了專門的調查工作小組,就銷售人員銷售技能改進情況進行了認真的調查研究。

對銷售技能提升情況的調查主要採用了調查問卷法進行,本次共發放 106 份調查問卷,收回有效問卷 100 份。對於銷售人員的銷售任務完成改進情況的調查主要採用了資料調查法。

(二)主要改進情況

1.銷售技能提升情況

(1)銷售溝通技巧改進調查結果

通過回收的 100 份有效問卷,對受訓銷售人員的銷售溝通技巧改進調查結果如下表所示。

表 7-7　銷售溝通技巧改進調查結果一覽表

銷售溝通技巧提高程度	有很大提高	有較大提高	有一定提高	沒有任何提高
所佔比例	24%	50%	25%	1%

通過調查結果可知,96%的受訓銷售人員認爲銷售溝通技能

有提高，只有 1%的受訓人員認為銷售技能沒有任何提高。

⑵客戶開發技能調查結果

通過回收的 100 份有效問卷，對受訓銷售人員的客戶開發技能提高情況如下表所示。

表 7-8　**客戶開發技能提升調查結果一覽表**

客戶開發技能提升程度	有很大提升	有較大提升	有一定提升	沒有任何提升
所佔比例	30%	40%	19%	11%

通過調查結果可知，89%的受訓銷售人員認為客戶開發技能有提高，但同時也有 11%的銷售受訓人員認為客戶開發技能沒有任何提高。

⑶客戶異議處理技能調查結果

通過回收的 100 份有效問卷，對受訓銷售人員的客戶異議處理技能調查情況如下表所示。

表 7-9　**客戶異議處理技能提升調查結果一覽表**

客戶異議處理技能提升程度	有很大提升	有較大提升	有一定提升	沒有任何提升
所佔比例	15%	55%	20%	10%

通過調查結果可知，90%的受訓銷售人員認為客戶異議處理技能有提升，但也有 10%的銷售受訓人員認為客戶異議處理技能沒有任何提高。

2.銷售任務完成改進情況

公司銷售人員培訓前後的月平均銷售額務完成情況如下表所示。

表 7-10　銷售人員培訓前後月平均銷售額對比表

產品名稱	培訓前月平均完成銷售額	培訓後月平均完成銷售額	培訓前後月銷售額增長百分比
A產品	1250萬元	1480萬元	18.40%
B產品	1500萬元	1860萬元	24.00%
C產品	2012萬元	2530萬元	25.74%
D產品	1103萬元	1205萬元	9.25%
E產品	630萬元	755萬元	19.84%

經過對比可知，銷售技能培訓前後，月平均銷售額的增加幅度較大，說明銷售人員經過銷售技能培訓後，自身的銷售技能確實得到了較大的改進。

(三)存在的主要問題

在培訓完成後，銷售人員雖然在自身銷售技能和銷售業績上有所改變，但是還有存在以下兩個方面的問題。

(1)銷售人員客戶開發技能和客戶異議處理技能需要進一步提高。

(2)培訓後，因為缺少培訓指導工作，導致銷售業績出現下滑的現象。

（四）改進措施

針對銷售人員銷售技能存在的問題，培訓部制定了以下兩項措施。

(1)公司加強對銷售人員銷售技能的培訓力度，增加對銷售人員銷售技能培訓的投入。

(2)培訓部應加強銷售培訓跟進工作，爲銷售人員提供訓後指導，以鞏固培訓效果。

報告人：＿＿＿＿＿＿

心得欄

- -

- -

- -

- -

- -

- -

五、培訓效果評估的報告範本

通過公司今年的培訓需求調查分析報告，生產部管理人員發現，在實際工作中有不少員工常常出現工作方向模糊、崗位環境混亂、技術參差不齊、工序流程不暢等問題。

針對這些問題，生產部管理人員同公司培訓部人員一起進行了有效的分析，結合年度培訓計劃提出了此次培訓方案，並於＿＿＿年＿＿＿月＿＿＿日舉行了工廠技術能力培訓，共有來自各操作工廠的 125 名員工參加了此次培訓。

此次培訓在員工中引起了強烈的反響，以下是此次培訓的回饋內容。

（一）反應層評估

對反應層的評估主要採用了問卷調查法。生產部經理和主管在培訓期間共下發了 105 份問卷，培訓結束之後，回收了 100 份有效評估問卷。以下為問卷分析統計情況。

1.問卷分析統計結果

⑴對課程內容是否符合工作需要的評價（如下表所示）

表 7-11　課程內容是否符合工作需要的評價一覽表

滿意層次	優良	良好	尚可	較差	極差
所佔比例	59%	37%	4%	0%	0%

　　從上表中可以看出，96%的受訓學員認為課程內容符合工作需要。

(2)針對此次培訓課程是否清晰的評價（如下表所示）

表 7-12　課程內容是否清晰的評價一覽表

滿意層次	優良	良好	尚可	較差	極差
所佔比例	28%	59%	13%	0%	0%

　　從上表中可以看出，87%的受訓學員認為課程內容較為清晰。

(3)對培訓講師是否充分準備的評價（如下表所示）

表 7-13　培訓講師準備是否充分的評價一覽表

滿意層次	優良	良好	尚可	較差	極差
所佔比例	38%	47%	15%	0%	0%

　　從上表可以看出，85%的受訓學員認為講師的準備較為充分。

(4)對課程內容是否新穎的評價（如下表所示）

表 7-14　課程內容是否新穎的評價一覽表

滿意層次	優良	良好	尚可	較差	極差
所佔比例	38%	50%	12%	0%	0%

　　從上表可以看出，88%的受訓學員認為此次培訓帶來了新觀點、新理念和新方法。

(5)對此次培訓是否有利於工作的評價(如下表所示)

表 7-15　培訓是否有利於工作的評價一覽表

滿意層次	有很大幫助	有一些幫助	僅有一點兒說明	說不清楚	一點兒也沒有
所佔比例	35%	50%	10%	5%	0%

如上表所示，85%的受訓學員認為本次培訓對於梳理工作思路和工作流程均有幫助。

(6)培訓內容是否在工作中有運用的機會(如下表所示)

表 7-16　培訓內容是否在工作中有運用的機會評價一覽表

滿意層次	有很多機會	有機會	說不清楚	一點兒也沒有
所佔比例	30%	63%	10%	5%

如上表所示，93%的受訓學員認為培訓內容在工作中有機會加以運用。

2.小結

本次調查評估的基本滿意率達到了 85%以上，85%以上的受訓學員人員對此次培訓給予了良好的評價。培訓內容與受訓學員工作的密切結合成為本次培訓的亮點。

（二）學習層的評估

對學習層的評估內容主要是受訓學員掌握了多少知識和技能，記住了多少培訓課堂上所講的內容。因此，生產部管理人員同培訓部人員根據課程內容設計了筆試和實踐操作兩種考核

方式，並對考核進行了認真的評判，考核成績的情況如下表所示。

表 7-17　工廠操作人員培訓考試成績一覽表

考試成績(分)	0～60	61～70	71～80	81～90	91～100
所佔比例	2%	14%	22%	57%	5%

在此次培訓考試中，有 98%的受訓學員都達到了及格水準，其中，63%受訓學員達到了良好(80 分以上)水準，只有2%的受訓學員沒有達到 60 分的及格標準。根據公司的培訓制度，沒有及格的受訓學員在一週後重新進行了學習和考核。

（三）行為層的評估

對行為層的培訓效果評估，生產部管理人員和培訓部人員採取了觀察法進行。下表是本次培訓的觀察記錄表。

心得欄 -

- -

- -

- -

- -

- -

表 7-18　培訓效果觀察記錄表

培訓課程	工廠技術能力培訓		培訓日期	___年___月～___日
觀察對象	受訓學員的全部工作過程		觀察 記錄員	
觀察項目	具體內容			
觀察到的 現　　象	培訓前	工作崗位環境髒亂，地面丟棄物和成品不成，有個別煙頭出現		
		操作工具亂放，經常無序擺放		
		工作流程無序，前後銜接不流暢，許多工作有頭無尾		
	培訓後	工作崗位環境得到改善，地面丟棄物和成品擺放到位，無煙頭出現		
		操作工具合理歸位，擺放符合工廠要求		
		工作流程基本理順，銜接到位，操作程序完整有序		
結論	工作環境和工作面貌得到改善和加強，工作效率有利極大的提高			
	應當繼續開展一系列的技術培訓，以鞏固這種工作狀態			

（四）效益層的評估

　　效益層的評估在培訓 6 個月後進行，主要是利用工廠操作人員受訓後工作效率和生產品質的提高，來間接說明培訓所產生的效益。以下是本次培訓成本和收益的對比分析。

　　1.成本分析

　　本次培訓所產生的成本如下表所示。

表 7-19　培訓成本分析表

成本構成	具體名目	金額 (單位：元)
直接成本	培訓講師費用(包括授課費、交通、食宿費用)	3000
	培訓資料購買費用(列印複印、教材購買)	500
	培訓場地、設備器材租金(公司內進行)	0
	其他雜費(礦泉水、水費、電費)	600
間接成本	受訓工廠人員的時間成本(小時工資×所耗時間)	5000
	主管給予支持的時間成本(小時工資×所耗時間)	20000
總成本		29100

2.收益分析

公司生產工廠的日產量為 1000 件電子產品，並且在生產過程中經常出現兩個問題：一是每天生產的 8%的電子產品因性能不符合要求而報廢；二是工人怠工、遲到、早退等現象比較嚴重。經過培訓，工廠日產量增加了 100 件，怠工、遲到、早退等現象也有所減少；工人的工作態度明顯好轉，廢品率下降了 2%。下表概括分析了此項目的收益情況。

表 7-20　工廠人員培訓收益分析表

生產成果	衡量指標	培訓前	培訓後	改善成績	年收益(按250個工作日，電子產品單價為6元)
產量	生產率 (日產量)	1000件	1100件	每天多生產100件產品	100 × 250 × 6=150000元
品質	廢品率 (日廢品量)	1000×8% (80件/天)	1100×6% (66件/天)	每天少生產12件廢品	12 × 250 × 6=18000元

3.投資收益率分析

在不考慮間接收益和培訓效益發揮年限的情況下，計算器投資收益率，即爲（150000＋18000）÷12100=13.88，可知此次培訓的投入與產出的比爲 1：13.88。

（五）培訓總結

此次培訓是非常有針對性的訓練，對提高工廠操作人員的工作技能和工作績效有很大的促進作用。通過此次分析，我們總結了此次培訓比較好的方面和需要改進的地方。

1.比較好的方面

⑴課程內容的針對性比較強，與工作結合度較高，難度適中。多數知識點需要學員結合實際工作的具體情況才能更好地理解和運用，所以，培訓後的回顧和應用對培訓效果有直接的影響作用。

⑵學員反響比較好，大部份學員表示此次學習對自己的工作有較大的幫助，提高了個人的技術水準和工作效率。

⑶工廠工作環境和工作面貌得到了極大的改善，使工作有序地進行。

⑷培訓後的經濟效益改善比較明顯。不但工廠的生產效率得到提高，而且生產品質也有了大幅度的提升，產生的預期收益將有效保證公司年度計劃的完成。

⑸生產部管理人員積極協助培訓部人員，確保了這次培訓活動順利完成。

2.需要改進的地方

　　(1)有一部份員工因爲各種原因沒有參加此次培訓，根據公司的相關規定以及要求，生產部管理人員和培訓部人員會對這部份員工進行調查，並給予相應的處罰，同時，要求這些員工與此次培訓不合格的學員一起參與下次培訓。

　　(2)員工參與培訓活動的積極性有待進一步提高，許多員工在培訓中表現並不是很積極。

　　(3)培訓後勤服務人員的服務態度需要改善，服務水準有待進一步提高。

報告人：_____

心得欄

表 7-21　培訓反應評估表

請坦率地告訴我們你對培訓的反應和意見。你提供的信息有助於我們對此次培訓項目進行評估，並對以後的培訓項目做出改進。

培訓人：_____　　　培訓主題：_____

1.你對此次培訓的主題如何評價？（從是否感興趣，是否有收穫等方面考慮）

_____最好　　_____很好　　_____好　　_____一般　　_____差

意見和建議：_____

2.你對此次培訓的責任人如何評價？（從其對培訓主題的瞭解程度及溝通能力等方面考慮）

_____最好　　_____很好　　_____好　　_____一般　　_____差

意見和建議：_____

3.你對此次培訓的設施條件如何評價？（從舒適性、便利性等方面考慮）

_____最好　　_____很好　　_____好　　_____一般　　_____差

意見和建議：_____

4.你對此次培訓的日程安排如何評價？

_____最好　　_____很好　　_____好　　_____一般　　_____差

意見和建議：_____

5.採取那些措施會對該培訓項目起到改進和完善作用？

_____

_____

表 7-22　培訓反應評估表

培訓人：_____　　培訓主題：_____

1.此次培訓的主題與你的需求和興趣相關嗎？

_____毫不相關_____有點相關_____非常相關

2.你對此次培訓中的課堂講解和討論的時間比例安排怎樣評價的？

_____課堂講解過多_____很好_____討論時間過多

3.你對此次培訓的培訓師如何評價？

	最好	很好	好	一般	差
a.目標陳述是否清晰					
b.培訓過程是否生動有趣					
c.溝通是否充分					
d.是否使用了輔助資料					
e.是否保持了一種友善的、給予幫助的心態					

4.從整體的角度講，你對此次培訓的責任人如何評價？

_____最好　_____很好　_____好　_____一般　_____差

意見和建議：_____

5.採取那些措施會使得這次培訓收到更好的效果？

_____

表 7-23　培訓反應評估表

　　為了確保本培訓項目更有效地滿足你的需求和興趣，我們需要你填寫這份表格。請告訴我們你對培訓的反應，你所提供的任何建議和意見都是對我們的莫大幫助，都會促使我們為你提供更好的服務。

　　說明：請在每個選項後面選擇適當的答案，並用圓圈圈起就可以了。

	強烈反對			贊同			非常贊同	
1.培訓項目涉及的內容與我的工作有關	1	2	3	4	5	6	7	8
2.培訓內容的講解方式很有趣	1	2	3	4	5	6	7	8
3.培訓師能夠進行高效溝通	1	2	3	4	5	6	7	8
4.培訓師進行了精心準備	1	2	3	4	5	6	7	8
5.培訓輔助資料非常有用	1	2	3	4	5	6	7	8
6.發放的培訓資料對我有很大的幫助作用	1	2	3	4	5	6	7	8
7.很多資料都可以應用到實際工作中	1	2	3	4	5	6	7	8
8.培訓場所及設施的選擇非常妥當	1	2	3	4	5	6	7	8
9.培訓日程安排得很好	1	2	3	4	5	6	7	8
10.培訓過程中講授與小組討論的安排非常合理	1	2	3	4	5	6	7	8
11.我認為研討小組可以幫助我把工作做得更好	1	2	3	4	5	6	7	8

　　採取那些措施有助於對這次培訓做出更大的改進？

_____

_____

_____

表 7-24 培訓反應評估表

親愛的客戶朋友：

很高興能夠獲得你的建議和意見，你的建議和意見能夠幫助我們爲你提供喜歡的培訓服務。

請你配合我們，在最能夠反映你的心理感受上打勾。

□早餐　　　□午餐	很好	好	一般
1.你對飯菜的品質滿意嗎？	☺	☺	☹
2.你對飯菜的品種滿意嗎？	☺	☺	☹
3.你認爲我們的價格有競爭力嗎？	☺	☺	☹
4.你怎樣看待我們的服務？	☺	☺	☹
5.你對餐廳的氣氛有什麼感受？	☺	☺	☹

6.你的建議：

_____

_____

_____

_____

_____

姓名：_____

地址：_____

表 7-25　對培訓反應評估表回答情況的匯總

請坦率地告訴我們你對培訓的反應和意見。你提供的信息有助於我們對此次培訓項目進行評估，有助於我們對以後的培訓項目做出改進。

培訓責任人：湯姆・瓊斯　　　培訓主題：領導能力

1.你對此次培訓的主題如何評價？（從是否感興趣，是否有收穫等方面考慮）

10 最好　5 很好　3 好　1 一般　1 差　平均得分：4.1

意見和建議：

_____

2.你對此次培訓的責任人如何評價？（從其對培訓主題的瞭解程度及溝通能力等方面考慮）

8 最好　4 很好　5 好　2 一般　1 差　平均得分：3.8

意見和建議：

_____

3.你對此次培訓的設施條件如何評價？（從舒適性，便利性等方面考慮）

7 最好　7 很好　5 好　1 一般　0 差　平均得分：4.0

意見和建議：

_____

4.採取那些措施會對該培訓項目起到改進和完善作用？

_____

註：分值按照 5 分制評分標準計算。

表 7-26　調查問卷

説明：本調查問卷的目的是，確定那些參加過領導方法培訓項目的人員在多大程度上將他們在培訓中學到的原則和技巧應用到工作中。本次調查的結果將有助於我們對該培訓項目的效果進行評估，從而找出改進的方法，以便以後進行培訓時擁有更好的實用效果。

請開誠佈公、直截了當地給出你的回答。你可以在問卷上寫下你的姓名，也可以不寫。這點你完全可以自願做出選擇。如果你在問卷上留下你的姓名，我們只會在需要進一步瞭解你的建議和意見時，才會通過你留下的姓名與你取得聯繫。

請在每個問題後面將你的回答用圓圈標註出來。

5＝很多　　　4＝較多　　　3＝與以往一樣

2＝比以往要少一些　　　1＝比以往要少很多

理解與激勵員工方面	培訓項目前後花費時間和精力對比情況				
1.逐步瞭解員工。	5	4	3	2	1
2.傾聽下屬員工的心聲。	5	4	3	2	1
3.表揚員工良好的工作表現。	5	4	3	2	1
4.與員工交流各自的家庭情況及個人興趣。	5	4	3	2	1
5.徵求下屬人員的想法和創意。	5	4	3	2	1
6.進行走動管理。	5	4	3	2	1

引導和培訓員工方面					
7.瞭解新員工的家庭情況及其經歷。	5	4	3	2	1
8.帶領新員工熟悉所在部門及企業設施情況。	5	4	3	2	1
9.向新員工介紹以後一起工作的同事。	5	4	3	2	1
10.培訓新員工及現有員工時,使用四步培訓法。	5	4	3	2	1
11.如果員工沒有像自己想像的那樣表現出良好的學習效率,要保持耐心。	5	4	3	2	1
12.糾正員工錯誤、提出自己的建議和意見時,要注意方式、方法。	5	4	3	2	1
13.使用培訓資源,灌輸時間概念。	5	4	3	2	1
怎樣做會讓你覺得本培訓項目會更實用、更有幫助?					
姓名(自願填寫)					

表 7-27　美國電腦系統公司 CARE 評估表

培訓師姓名：＿＿＿＿＿＿＿＿

培訓地點：＿＿＿＿＿＿＿＿＿

培訓日期：＿＿＿＿＿＿＿＿＿

美國電腦系統公司

　說明：標註答案時需要注意以下事項：對課程內容進行評估時，請使用以下評分標準：

・只能使用 2A 鉛筆進行標註。	1＝強烈反對
・圈出正確的分值。	2＝不同意
・如需改動，請將其他標記擦乾淨。	3＝既不同意也不反對
	4＝同意
	5＝完全同意

課程內容	
1.課堂中學到的技能與我的個人發展有著緊密聯繫。	1　　2　　3　　4　　5
2.本課程幫助我提升了這些技能。	
3.課程中使用的資料很有條理。	1　　2　　3　　4　　5
4.本課程的內容能夠滿足我的需要。	1　　2　　3　　4　　5
5.意見和建議：	1　　2　　3　　4　　5
＿＿＿＿＿＿＿＿＿＿＿＿＿＿＿	
＿＿＿＿＿＿＿＿＿＿＿＿＿＿＿	

續表

課程教學					
課程培訓師					
6.能夠有效引導課堂討論。	1	2	3	4	5
7.能夠認真傾聽參訓人員的意見。	1	2	3	4	5
8.能夠幫助學員將概念與實際情景結合起來。	1	2	3	4	5
9.擁有出色的演講技能。	1	2	3	4	5
10.意見和建議：					
整體評價					
11.對培訓項目的整體滿意狀況打分。	1	2	3	4	5

　　謝謝你抽出寶貴的時間就本課程給出具有建設性的回饋意見。我們將根據你提出的意見，在以後的課程做出改進。

表 7-28　LTS 項目培訓評估表

請回答下面問題，幫助我們完成對主管領導能力培訓項目的評估工作。向評估人員提交完整全面的評估表，他們會把你的意見和建議轉交給培訓部。你坦誠的回饋意見將會爲公司開發新的培訓項目提供戰略指南，也會對提高培訓效果有所幫助。

1.指出該培訓項目在多大程度上滿足了你的期望。　　1　2　3　4　5

　意見和建議：

2.指出該培訓項目與你的工作的相關度。　　　　　　1　2　3　4　5

　意見和建議：

3.指出參訓人員學習手冊作爲一種課堂輔助工具　　1　2　3　4　5

　對參訓人員起到多大的幫助作用。

　意見和建議：

4.你認爲你在今後的工作中是否會參考參訓人員　　　是　　　　否

　學習手冊的內容？

　如果會，會如何參考？

　＿＿＿＿＿＿＿＿＿＿＿＿＿＿＿＿＿＿＿＿＿＿＿＿＿＿＿＿＿＿

　＿＿＿＿＿＿＿＿＿＿＿＿＿＿＿＿＿＿＿＿＿＿＿＿＿＿＿＿＿＿

5.你會立即在工作中加以利用的三種技能：

　a.＿＿＿＿＿＿＿＿＿＿＿＿＿＿＿＿＿＿＿＿＿＿＿＿＿＿＿＿

　b.＿＿＿＿＿＿＿＿＿＿＿＿＿＿＿＿＿＿＿＿＿＿＿＿＿＿＿＿

　c.＿＿＿＿＿＿＿＿＿＿＿＿＿＿＿＿＿＿＿＿＿＿＿＿＿＿＿＿

完全無效　　非常有效

6.你所學到的最重要的內容：

- 領導藝術

- 訓練和開發員工

- 溝通

- 目標設定和行動計劃制定

- 績效管理

- 解決問題及制定決策

- 認知工作成果

7.總體來說，培訓的材料是否符合你的能力水準？選擇最佳答案。

_____所有的內容都太簡單了

_____有些內容簡單

_____正好合適

_____有些內容高深

_____所有內容都太高深

意見和建議：

_____

8.總體來說，培訓課程的進展速度如何？選擇一個最佳答案。

_____整體都太快　　_____有些內容進行得太快

_____正好合適　　_____有些內容進行得太慢

_____整體都太慢

續表

9.有些活動（如角色扮演、遊戲和實踐活動）對　　　1　2　3　4　5
　有效理解所討論的內容起到多大的作用？你

　覺得那些活動比較有趣？那些活動比較乏味？

　那些活動富有挑戰性？那些活動過於簡單？

　請寫下你的建議和意見：

　_____

　_____

10.你會對這些培訓項目做出怎樣的改進？

　_____

　_____

　_____

　_____

　　　　　　　　　　　　　　　　　差　　　好　　　很好

11.總體來說，你如何評價該培訓項目？　　　　1　　2　　3　　4　　5

12.總體來說，你如何評價實施評估的測試人員的表現？　1　2　3　4　5

13.其他建議和意見：

　_____

　_____

　_____

表 7-29　LTS 培訓後的調查問卷：針對商店經理

商店經理＿＿＿＿＿＿＿＿＿　　　所在部門＿＿＿＿＿＿＿＿＿

該調查主要是請你描述一下參加 LTS 後與員工共事的體驗。請以選擇相應數字的方式回答下面的問題。

	更好	較好	沒有變化	較差	更差	不知道
參加 LTS 培訓以來，						
1.你看待問題及評價員工發展水準（如員工的技能水準、知識水準、過去的工作經歷、興趣、滿意度等）的能力發生了怎樣的變化？ 意見和建議：	6	5	4	3	2	1
2.你是否能選擇最恰當的領導類型，並有效地運用該領導方式開發員工的技能、激發他們的工作熱情？ 意見和建議：	6	5	4	3	2	1
3.你正確運用四種類型的領導方式的能力發生了怎樣的變化？ 意見和建議：	6	5	4	3	2	1

	更好	較好	沒有變化	較差	更差	不知道
4.你指導員工的能力發生了怎樣的變化（如幫助員工設立清晰的目標、培訓員工、確立工作的先後順序、界定標準等）？ 意見和建議：	6	5	4	3	2	1
5.你向員工提供支援的能力發生了怎樣的變化（如表揚、信任、解釋原因、傾聽意見、寬容對待出現的錯誤、鼓勵等）？ 意見和建議：	6	5	4	3	2	1
6.爲了完成工作任務或實現工作目標，你在與員工協商統一意見的能力及採用適合員工需要的領導風格方面發生了怎樣的變化？ 意見和建議：	6	5	4	3	2	1
7.對於員工的意見，你的傾聽能力發生了怎樣的變化？（如鼓勵員工對話、集中精力傾聽、主動澄清疑惑及確定聽到消息的真實性） 意見和建議：	6	5	4	3	2	1

續表

	更好	較好	沒有變化	較差	更差	不知道
8.你溝通特定信息的能力發生了怎樣的變化？ 意見和建議：	6	5	4	3	2	1
9.你與員工一起確立清晰目標的能力發生了怎樣的變化？ 意見和建議：	6	5	4	3	2	1
10.你提供及時的、重要的和特定的積極回饋意見的能力發生了怎樣的變化？ 意見和建議：	6	5	4	3	2	1
11.你提供及時的、重要的和特定的建設性回饋意見的能力發生了怎樣的變化？ 意見和建議：	6	5	4	3	2	1
12.對於員工取得的成就，你對他們的認可度及賞識度發生了怎樣的變化？ 意見和建議：	6	5	4	3	2	1

表 7-30 LTS 培訓後的調查問卷：針對副經理/經理助理

副經理/經理助理＿＿＿＿＿＿＿ 所在部門＿＿＿＿＿＿＿

該調查主要是請你描述一下商店經理參加 LTS 培訓後你與他們共事的體驗。請以選擇相應數字的方式回答下面的問題。

	更好	較好	沒有變化	較差	更差	不知道
商店經理參加 LTS 培訓後，						
1.他們看待問題及評價你的技能、知識、過去的工作經歷、興趣、滿意度等方面的能力發生了怎樣的變化？ 意見和建議：	6	5	4	3	2	1
2.他們幫助你有效開發工作技能及激勵的能力發生了怎樣的變化？ 意見和建議：	6	5	4	3	2	1
3.他們在幫助你執行工作任務或完成工作目標時，運用「因材施教，因地制宜」的能力發生了怎樣的變化？ 意見和建議：	6	5	4	3	2	1

	更好	較好	沒有變化	較差	更差	不知道
4. 他們為你提供指導的能力發生了怎樣的變化（如幫助你設立清晰的目標、培訓員工、確立工作的先後順序、界定標準等）？ 意見和建議：	6	5	4	3	2	1
5. 他們向你提供支持的能力發生了怎樣的變化（如表揚、信任、解釋原因、傾聽意見、寬容對待出現的錯誤、鼓勵等）？ 意見和建議：	6	5	4	3	2	1
6. 為了完成工作任務或實現工作目標，他們與你協商統一意見的能力發生了怎樣的變化？ 意見和建議：	6	5	4	3	2	1
7. 對於你的意見，他們的傾聽能力發生了怎樣的變化？ 意見和建議：	6	5	4	3	2	1

	更好	較好	沒有變化	較差	更差	不知道
8.他們溝通特定信息的能力發生了怎樣的變化？ 意見和建議：	6	5	4	3	2	1
9.他們與你一起確立清晰目標的能力發生了怎樣的變化？ 意見和建議：	6	5	4	3	2	1
10.他們提供及時的、重要的和特定的積極回饋意見的能力發生了怎樣的變化？ 意見和建議：	6	5	4	3	2	1
11.他們提供及時的、重要的和特定的建設性回饋意見的能力發生了怎樣的變化？ 意見和建議：	6	5	4	3	2	1
12.對於你取得的成就，他們的認可度及賞識度發生了怎樣的變化？ 意見和建議：	6	5	4	3	2	1

表 7-31　情境領導模式 II 領導能力評估

導讀：

　情景領導模式 II 領導能力評估的目的是向你的直接主管或經理提供回饋信息，幫助他們有效運用情境領導模式 II 來開展工作。你的回饋意見將有助於提高主管或經理的職業技能，因此需要你做出真實準確的評價。

你和其他人提供的信息將通過電腦進行分析，然後將分析結果以總結表格的方式提交給你的經理，因此不會涉及任何個人的信息。爲了確保調查的機密性，請不要將姓名寫在問卷上，但一定要把你的主管的姓名寫在 LSA 調查問卷上。

　假設向你提供問卷調查的人就是以下 30 道情境題中描述的主管或經理，針對每個情境，選擇一個最符合你的主管或經理近期行爲表現的分值，每題只可選擇一個分值。請回答全部問題，不要有所遺漏。請認真閱讀問題，確保每個答案都最符合你的主管或經理的行爲表現。

　你最多只需花 20 分鐘的時間就能完成本問卷調查，請將填好的調查問卷裝在信封中，當天寄回布蘭佳培訓發展公司。

經理或主管的姓名：_____　　日期：_____

寄信人：_____

	從不	很少	有時	經常	幾乎總是	總是
1.當我能夠做某項工作，並且自信能夠做好時，我有權靈活選擇適合完成任務的最佳方式。	6	5	4	3	2	1

	從不	很少	有時	經常	幾乎總是	總是
2.當某項工作對我來說是全新的,我需要學習如何去做這項工作時,這時我的經理會爲我提供指導。	6	5	4	3	2	1
3.如果我在工作中取得了一些進步,但在接受新工作任務時缺乏熱情和信心,經理會鼓勵我。	6	5	4	3	2	1
4.如果我知道我具備完成某項工作的能力,但對佈置給我的工作心存憂慮,經理會傾聽我的想法,並支持我的某些想法。	6	5	4	3	2	1
5.當我開始學習如何完成某項工作,並從中提高我的某些技能時,經理會認真傾聽我是如何出色地完成工作任務的。	6	5	4	3	2	1
6.如果我表示我能做某項工作,但缺乏做好工作的信心,經理會鼓勵我自主設定自己的工作目標。	6	5	4	3	2	1
7.當我在工作中表現出獨特的才能,但缺乏制定具體決策信心時,經理會幫助我解決問題,並支持我的某些想法。	6	5	4	3	2	1

	從不	很少	有時	經常	幾乎總是	總是
8.如果我在學做某項新的工作時沒有達到令人滿意標準要求，經理會對我指出來，並再次告訴我應該如何去做。	6	5	4	3	2	1
9.如果我在學做某項新的工作時灰心喪氣、意志消沉，經理會認真傾聽我的想法，同時對我提供幫助。	6	5	4	3	2	1
10.當我表現出色,高水準地完成了工作任務時，經理會進一步授權給我。	6	5	4	3	2	1
11.當我開始學習新的技能並且對此意志消沉時，經理會花時間去瞭解我的想法。	6	5	4	3	2	1
12.當我接受一項全新的工作時,經理會設定工作目標，並明確地告訴我他期望我做什麼以及到底怎樣才是把工作做好。	6	5	4	3	2	1
13.為了激勵我,經理會對我的工作提出表揚，特別是那些我有專長和實踐經驗，但缺乏足夠信心去做好的工作。	6	5	4	3	2	1
14.當我表現出可以勝任工作時,經理便很少觀察監督我的工作。	6	5	4	3	2	1

	從不	很少	有時	經常	幾乎 總是	總是
15.當我接受一項全新的工作時,經理會特意告訴我如何做好這些工作。	6	5	4	3	2	1
16.當我在工作中某些技能得到提高後,經理會要求我按照他期望的去完成工作。	6	5	4	3	2	1
17.如果我已經掌握了某項工作要領,並且工作獨立性越來越高,經理會鼓勵我自己解決工作中的問題。	6	5	4	3	2	1
18.當我擁有自信、動力和工作技能時,經理便不再經常與我接觸,偶爾見面也只是對我說我的工作做得有多麼好。	6	5	4	3	2	1
19.當我著手一份新的工作任務時,經理會經常注意我的行為。	6	5	4	3	2	1
20.如果我在執行任務時表現出色,經理會讓我確立自己的工作目標。	6	5	4	3	2	1
21.當我著手學習如何開展一項新的工作時,經理會向我提供回饋信息,及時告知我工作中取得的成績。	6	5	4	3	2	1

	從不	很少	有時	經常	幾乎總是	總是
22. 當我在著手完成一項新的工作任務，感覺壓力很大並不知所措時，經理會大力支持我，並指導我開展工作。	6	5	4	3	2	1
23. 在我所擅長的領域內，經理會密切關注我的工作績效，因此，如果我對工作失去了信心或興趣，會立刻得到經理的注意和幫助。	6	5	4	3	2	1
24. 任溝通信息或提供回饋信息時，經理表達得清晰、具體、明確。		5	4	3	2	1
25. 與我交談時，經理採用肯定、禮貌的語氣。	6	5	4	3	2	1
26. 如果我說的話經理聽不太明白時，他會繼續問一些問題，進一步弄清我想表達的內容。	6	5	4	3	2	1
27. 我與經理談話時，他會認真傾聽，不會漫不經心。		5	4	3	2	1
28. 在談話時，經理會不斷重覆我說的內容，並且提出問題，以避免出現誤解。	6	5	4	3	2	1
29. 經理能夠把他想表達的信息傳遞給我，同時又不會傷害我的自尊。	6	5	4	3	2	1

表 7-32　學習者反應問卷

（第一級別評估）

分局入職培訓課程

2004 年 2 月 10～12 日

學習者反應問卷

你的回饋意見會幫助我們不斷提高和改進我們的培訓內容和服務。

1. 職務：＿＿＿＿＿＿　　級別：＿＿＿＿＿　　工作地點：＿＿＿＿＿＿＿

2. 你在管理崗位上工作了多長時間（包括代理管理）？　＿＿年＿＿月

3. 參加此次培訓前是否參加了入職第一階段的培訓？　是　　否

4. 你參加此次培訓的原因是什麼？

＿＿＿＿＿＿＿＿＿＿＿＿＿＿＿＿＿＿＿＿＿＿＿＿＿＿＿＿＿＿＿＿＿＿

＿＿＿＿＿＿＿＿＿＿＿＿＿＿＿＿＿＿＿＿＿＿＿＿＿＿＿＿＿＿＿＿＿＿

＿＿＿＿＿＿＿＿＿＿＿＿＿＿＿＿＿＿＿＿＿＿＿＿＿＿＿＿＿＿＿＿＿＿

5. 你認為此次培訓所涵蓋的內容對你的工作重要嗎？　低　　　　　高

　　　　　　　　　　　　　　　　　　　　　　　　1　2　3　4　5

6. 你認為資深高級經理和人力資源代表的參與會提高你的學習效果嗎？

　　　　　　　　　　　　　　　　　　　　低　　　　　　高

　　　　　　　　　　　　　　　　　　　　1　2　3　4　5

7. 從總體來說，你對此次培訓的滿意度是多少？　低　　　　　高

　　　　　　　　　　　　　　　　　　　　　　　　1　2　3　4　5

8.你有多大的把握將本次培訓中學到的知識應用到實際工作中去？

低　　　　高

1　2　3　4　5

9.請說一說你認為這些學習案例在那些方面特別有意義。

_____

_____

10.在這三天的培訓中那些因素對你產生了最積極的作用？為什麼？

_____

_____

11.有沒有其他什麼事情會對你的學習起到促進作用？如果有，請說出來。

_____

_____

12.你認為我們是否應該對研討會的內容做些相應的調整化？如果是，請指
　出應該怎樣調整。

_____

_____

姓名：_____（也可不填）　　　　謝謝！

表 7-33 第一天內容評估表範例
(第二級別評估)

2003 年 11 月 18 日　　　　　　姓名：_____
課程名稱：CCRA 介紹 目標： • 讓新經理理解他們應該為整個組織做些什麼以及怎樣去做。 　參加培訓課程後，現在你是否對自己作為經理應該為實現公司目標做那些工作有了更好的理解呢？請解釋說明。 　　_____ 　　_____ 　　_____ 　　_____
課程名稱：平衡管理和領導的關係 目標 • 考察 CCRA 經理對領導的期望是多少。 • 說明要使組織取得成功，CCRA 經理為何須平衡管理和領導之間的關係。 　參加培訓課程後，現在你是否能更好地理解為什麼要平衡管理和領導之間的關係？請解釋說明。 　　_____ 　　_____ 　　_____

課程名稱：理解領導的潛在價值

目標：

• 激勵

• 促進

• 推動

• 回顧與反思

　參加培訓課程後，你認爲你的這種激勵、促進、推動和反思發生了怎樣的變化？請解釋說明。

_____

_____

_____

　您是否有機會反思自己的新職責與角色？思考的結果是什麼？

_____

_____

_____

課程名稱：價值觀與道德觀

目標：

• 提高參訓人員有效發揮領導者作用的價值觀和道德觀意識。

• 提高參訓人員公共服務價值觀。

• 學習資深高級經理的經驗。

　　參加培訓課程後，你是否對有效發揮領導者作用的價值觀和道德觀有了更好的理解呢？請解釋說明。

_____

_____

　　你認爲案例學習有什麼樣的作用呢？

_____

_____

課程名稱：自我評價和反思

目標：

• 向參訓人員介紹成功的管理方法和手段。

• 培養參訓人員自我認知能力和洞察能力，理解這些能力是有效管理的前提。

• 介紹反思訓練的概念。

　　參加培訓課程後，作爲經理你對自己有了那些瞭解？

_____

_____

　　你認爲成功的管理方法和手段有什麼作用？

_____

_____

表 7-34　第三天內容評估表範例
（第二級別評估）

2003 年 11 月 20 日	姓名：_____

課程名稱：經理人員實踐能力培訓

目標：

• 讓參訓人員熟悉瞭解 Paul Lefebvre/National Managers Network 這兩套訓練工具。

• 讓參訓人員實際使用這些工具。

　參加培訓課程後，你是否對管理實踐培訓有了更好的理解呢？請解釋說明。

_____

_____

　你認為你在培訓課上所學的內容有多少可以在工作中加以應用？

_____

_____

課程名稱：會議管理

目標

• 認真思考會議的作用，瞭解怎樣更加有效地利用會議時間。

　參加培訓課程後，你認為你是否能更加有效地進行會議管理？請說明。

_____

_____

課程名稱：優先管理——時間管理的核心

目標：

• 讓參訓人員熟悉確定優先管理順序的 Covey 模型。

　參加培訓課程後，你認爲你是否能夠更加有效地管理好自己的時間？請解釋說明。

_____

_____

_____

課程名稱：模擬課程（創新）

目標：

• 讓參訓人員從資深高級經理的實際工作經驗中學習實際操作知識（知識的轉換）

　從該培訓課程中，你學到的最有價值的知識是什麼？

_____

_____

_____

_____

_____

第8章

新員工培訓體系的執行範本

一、新員工培訓課程案例

（一）課程名稱

新員工職業素養。

（二）課程目標

1.列舉職業素養四要素。

2.清楚對待企業、對待工作和對待自己的正確做法。

3.準確列舉工作禮儀和溝通技巧，並在工作中恰當運用。

（三）課程時間

課程總時長為 4 個小時。

（四）授課方式

面授或網路課程學習。

（五）培訓場所

公司行政樓第一會議室。

（六）課程內容

課程內容及課程時間分配如下表所示。

表 8-1　課程內容及課程時間分配一覽表

課程單元		單元內容	課時分配
第一單元	自我角色認知	1.從「社會人」變為「企業人」 2.企業需要什麼樣的員工 3.我們為什麼而工作 4.職業素養四要素：敬業、能力、責任和規範	0.5小時
第二單元	建立積極心態	1.從大學生到職業人的轉變 2.觀念對人的重要性 3.心態是如何影響人的行為 4.認識你的隱形「護身符」	0.5小時
第三單元	如何對待工作	1.清醒認識你在為誰工作 2.贏利來自於為企業創造價值 3.對工作負責就是對自己的人生負責 4.追求卓越的工作品質	1小時

課程單元	單元內容		課時分配
第四單元	如何對待企業	1.忠於公司就是忠於自己 2.與企業同舟共濟 3.對企業要有服務的心態 4.要有推銷自己的意識 5.接受並尊重你的上級 6.贏得信任	1小時
第五單元	如何對待自己	1.職業人的儀表禮儀 2.職業人辦公室禮儀 3.高效的溝通技巧 4.時間管理的技巧	1小時

（七）課程設計素材

1.培訓故事

一個建築工人

一天，一位記者到建築工地採訪，分別問了三個建築工人一個相同的問題。

他問第一個建築工人正在幹什麼活，那個建築工人頭也不抬地回答：「我正在砌一堵牆。」他問第二個建築工人同樣的問題，第二個建築工人回答：「我正在蓋房子。」

記者又問第三個工人，這次他得到的回答是：「我在為人們建造漂亮的家園。」

記者覺得三個建築工人的回答很有趣，就將其寫進了自己

的報導。若干年後，記者在整理過去的採訪記錄時，突然看到了這三個回答，三個不同的回答讓他產生了強烈的慾望，想去看看這三個工人現在的生活怎麼樣。等他找到這三個工人的時候，結果令他大吃一驚：當年的第一個建築工人還是一個建築工人，仍然像從前一樣砌著他的牆；而在施工現場拿著圖紙的設計師竟然是當年的第二個工人；至於第三個工人，記者沒費多少工夫就找到了，他現在是一家房地產公司的老闆，前兩個工人正都在為他工作。

2.模擬與上級溝通遊戲

遊戲的具體內容如下表所示。

表 8-2　與上級溝通的遊戲示例

人數	20人	時間	30分鐘
場地	室內	用具	筆、紙
遊戲步驟	1.學員自由結合，5人一組，每組選出一位領導者 2.4名下屬迅速籌劃一個投資項目，並根據項目特點撰寫簡要的計劃書草案 3.4名下屬依次面見主管，按照自己的溝通方式說服主管通過項目計劃 4.各小組用30分鐘的時間展開討論 5.每組派出一個代表對討論結果進行總結		
問題討論	1.那些溝通方式主管易於接受，並能取得良好的溝通效果 2.說服主管時需要運用那些溝通技巧		
遊戲技巧	1.鼓勵學員積極發揮自己的主動性 2.注意合理的時間控制		

二、新進應屆畢業生培訓計劃案例

（一）培訓目標

根據應屆畢業生的特殊需求制訂科學合理的培訓計劃，通過執行合理的培訓計劃使應屆畢業生能夠迅速地適應工作與環境。

應屆畢業生的培訓目標包括以下三個方面。

1.熟悉公司，對公司產生興趣並建立忠誠度。

2.熟悉本崗位的工作，對工作產生興趣並形成偏愛。

3.掌握基本的工作技能和專業技能，儘早達到公司期望的工作績效。

（二）培訓內容

在應屆畢業生培訓計劃中，培訓課程內容一般包括以下四個方面的內容。

1.企業文化和核心價值觀培訓，包括公司發展歷史、發展戰略、經營理念、組織結構、企業文化、各種規章制度等。

2.熟悉工作崗位和工作環境，包括工作中公司內外部主要工作聯繫部門和人員介紹、工作崗位職責要求、部門同事及工作流程等。

3.職業素養培訓，包括溝通技巧、時間管理技巧、團隊管理、工作角色的轉變、目標管理、問題分析與解決、商務禮儀等。

4.基本技能培訓，包括如何與顧客溝通，如何進行文件的管理，如何使用影印機與掃描器、傳真機等。

（三）培訓講師的選擇

在對應屆畢業生進行培訓時一般實行導師制，即指定其部門內部固定人員作為其導師負責幫助其熟悉公司、業務及環境，同時，人力資源部經理、部門主管等也肩負著培訓責任。

培訓負責人制訂培訓計劃時需要考慮合適的培訓人員。

（四）新入職應屆畢業生培訓時間及計劃安排

應屆畢業生的培訓時間一般在其投入崗位開展工作之前，具體工作計劃的安排情況如下表所示。

表 8-3　新入職應屆畢業生培訓工作計劃安排表

入職前准備	新員工基本情況	姓名		崗位	
		相關工作經歷(年)		學歷	
	培訓負責人	一線經理		崗位教練	
部門主管(簽字)：　　　　　　　　日期：＿＿年＿＿月＿＿日					
入職1週培訓		本週培訓工作計劃			完成情況(是或否)
		1.會見認識一線經理、部門經理、分管總經理、一線下屬、人事和財務等後勤支持部門負責人			
		2.參觀廠區、工作間、辦公室、職工宿舍，熟悉公司班車行車路線			

續表

內　容 檢查表	3.熟悉本公司各項行政規章制度及工作條例		
	4.瞭解熟悉本崗位工作流程和職責		
	入職一週的培訓效果評價		
	一線主管(簽字)：　　　　日期：＿＿＿年＿＿＿月＿＿＿日		
入職1個月 培訓內容 檢查表	本週培訓工作計劃		完成情況 (是或否)
	1.和本部門一線經理、部門經理、一線下屬進行工作溝通		
	2.參加新員工入職培訓脫產班的學習		
	3.按照本公司各項行政規章制度及工作條例開展工作		
	4.在熟悉本崗位工作流程和職責的基礎上，能夠完成一定的本崗位工作		
	入職一個月的 培訓效果評價		
	一線主管(簽字)：　　　　日期：＿＿＿年＿＿＿月＿＿＿日		
入職3個月 培訓內容 檢查表	本週培訓工作計劃		完成情況(是或否)
	1.能夠和本部門一線經理、部門經理、一線下屬進行良好的工作溝通		
	2.對參加入職培訓的個人收穫及時進行總結		
	3.和部門經理談話，總結培訓成果		
	4.能夠熟練完成本崗位工作，承擔相應職責		
	入職3個月的培訓效果評價		
	一線主管(簽字)：　　　　　　日期：＿＿＿年＿＿＿月＿＿＿日		

（五）培訓形式

對應屆畢業生的培訓形式採取以面授為主、以網路學習為輔的方式進行。

（六）培訓考核

培訓負責人需要在應屆畢業生的培訓計劃中確定培訓考核的內容，考核內容根據其培訓內容而定，考核應在其實習期或試用期即將結束時進行。應屆畢業生的培訓考核由公司人力資源部統一組織進行。

三、新晉管理人員的培訓計劃

（一）培訓內容

為規範公司新晉管理人員的培訓管理，特制訂本計劃。

培訓人員編制新晉管理人員的培訓計劃時應考慮到不同的新晉管理人員，根據其職位高低在培訓計劃中確定科學的培訓內容。

1.新晉基層管理人員的培訓內容

新晉基層管理人員培訓計劃中的培訓內容主要從以下四個方面進行設置。

⑴部門介紹，包括新崗位的職責、部門組織機構及工作流程及工作績效等。

⑵角色認知，包括基層管理者的角色、地位、責任及對其素質要求等。

(3)管理技能，包括激勵員工、自我管理、溝通技能、執行技能等。

(4)管理業務，包括計劃的編制與控制、成本管理、質量管理、合理分配任務、培養下屬人員等。

2.新晉中層管理人員的培訓內容

新晉中層管理人員培訓計劃中的培訓內容主要從以下四個方面進行設置。

(1)中層管理角色轉變，包括中層管理人員的角色定位、提高執行力、傳達公司戰略、樹立全局觀念等。

(2)挑選基層管理人員，包括人才評估、非人力資源部門的人力資源管理、如何選人與育人、選人的方法與工具、提高識別基層管理者的能力與素質等。

(3)培訓基層管理人員，包括溝通、授權、激勵、培養和挖掘基層管理人員的潛力，中層管理人員的時間管理與應用時間等。

(4)組織協調能力，包括整體與部門的相互作用、如何調配資金、人員配置、組織協調能力、資源優化配置等。

3.新晉高層管理人員的培訓內容

新晉高層管理人員培訓計劃中的培訓內容需要從以下五個方面進行設置。

(1)公司環境分析，包括國內外經濟和政治狀況、公司所處的經營環境分析、公司所屬行業發展研究、相關法律法規以及各項政策等。

(2)企業戰略發展研究，包括公司面臨的機遇與挑戰、公司

核心競爭力研究、公司的發展戰略制定等。

(3)領導藝術，包括高效授權、壓力管理、衝突管理、危機管理、組織變革管理等。

(4)創新意識，包括思維技巧、創新思維訓練等。

(5)個人修養與魅力的提升，包括商業禮儀、塑造領導魅力等。

（二）培訓時間

公司新晉管理人員培訓計劃中的培訓時間分爲兩個階段：一爲管理人員在開展工作之前，重點培訓其在新崗位所需的基本工作技能；二爲新晉管理人員開展工作之後，結合其工作中所遇到的實際問題進行相應的培訓。

需要注意的是，新晉中高層管理人員培訓計劃中的培訓時間應結合公司實際工作情況制訂，保持相對的彈性。

（三）培訓講師選擇

1.新晉基層管理人員的培訓講師，一般由公司主管人員、部門經理及資歷較深的基層管理擔任。

2.中層管理人員的培訓講師，可由高層管理人員或資深中層管理人員擔任，也可聘請外部培訓講師，但需要考慮公司的培訓成本。

3.高層管理人員進行培訓時一般分爲自修與傳授，其培訓講師由外部培訓講師擔任。培訓負責人在選擇外部培訓講師時需慎重考慮，並參考多方面的因素，選擇最適合公司實際的外

部培訓講師。

（四）培訓課時

新晉管理人員培訓計劃中的培訓課時根據以下原則並結合實際情況確定。

1.新晉基層管理人員的培訓課時不少於 60 課時。

2.新晉中層管理人員的培訓課時不少於 80 課時。

3.新晉高層管理人員的培訓課時不少於 100 課時。

四、新員工培訓運營方案

（一）新員工培訓目的

1.為新員工提供正確的、相關的公司及工作崗位信息，鼓勵新員工的士氣。

2.讓新員工瞭解公司所能提供給他的相關工作情況以及公司對他的期望。

3.讓新員工瞭解公司歷史、政策、企業文化，為其提供討論的平臺。

4.減少新員工初進公司時的緊張情緒，使其更快地適應公司。

5.讓新員工感受到公司對他的歡迎，讓新員工體會到歸屬感。

6.使新員工明白自己工作的職責，加強與同事之間的聯繫。

7.培訓新員工解決問題的能力，為其提供尋求幫助的方法。

（二）新員工培訓程序

一般來說，新員工培訓程序整體如下圖所示。

圖 8-1　新員工培訓程式圖

（三）新員工培訓內容及實施時間

按上圖所示實施新員工培訓，培訓內容及實施時間安排如下表所示。

表 8-4　新員工培訓內容一覽表

培訓項目	時間	培訓內容
就職前培訓 (部門經理 負責培訓)	到職前	1.致新員工的歡迎信(人力資源部負責)。 2.讓本部門其他員工知道新員工的到來。 3.準備好新員工辦公場所、辦公用品。 4.準備好給新員工培訓的部門內訓資料。 5.為新員工指定一位資深員工作為新員工的帶訓人。 6.準備好佈置給新員工的第一項工作任務。
公司整體培訓(人力資源部負責培訓)	到職後第×天	1.公司歷史與願景、公司組織結構、主要業務。 2.公司政策與福利、公司相關程序。 3.公司各部門職能介紹、公司培訓計劃與程序。 4.公司整體培訓資料的發放，回答新員工提出的問題。

續表

培訓項目	時間	培訓內容
部門崗位培訓（部門經理負責培訓）	到職後第1天	1.到人力資源部報到，進行新員工須知培訓(人力資源部負責)。 2.到部門報到，部門經理代表全體部門員工歡迎新員工的到來。 3.介紹新員工認識本部門員工，帶其參觀企業及週圍環境。 4.介紹部門結構與功能、部門內的特殊規定。 5.新員工工作描述、職責要求。 6.討論新員工的第一項工作任務。 7.派老員工陪新員工到公司餐廳吃第一頓午餐。
	到職後第5天	1.一週內，部門經理與新員工進行非正式談話，重申工作職責，談論工作中出現的問題，回答新員工的提問。 2.對新員工一週的表現做出評估，並確定一些短期的績效目標。 3.設定下次績效考核的時間。
	到職後第30天	部門經理與新員工面談，討論試用期一個月來的表現，填寫評價表。
	到職後第×天	人力資源部經理與部門經理一起討論新員工表現，是否適合現在崗位，填寫「試用期考核表」，並與新員工就試用期考核表現進行談話，告知新員工公司績效考核的要求與體系。

（四）新員工培訓教材

1. 公司整體培訓教材

2. 各部門內訓教材

3. 新員工培訓須知新員工培訓須知如下文所示。

新員工入職培訓須知

各位學員：

歡迎您參加××公司第×期入職培訓課程！

　　為了加強您與公司之間的相互瞭解，促進文化認同，幫助您提高綜合素質以適應新的環境和崗位，特組織您參加本次培訓。我們真誠地希望這次培訓能對您有所幫助。為使這次培訓達到預期的效果，現將有關事宜做如下說明，請您務必遵循！

　　一、本次培訓為全封閉式培訓，培訓期間不得外出。

　　二、培訓期間嚴禁吸煙、喝酒、賭博。累計違反兩次的，取消培訓資格。

　　三、認真遵守作息時間，上課不遲到、不早退，不隨便出入教室。

　　四、上課時關掉通信工具或將其調至振動。

　　五、認真聽講並做好筆記，積極參與討論、發表觀點，積極參與各項活動。

　　六、講禮貌，服從安排，尊敬師長，團結同學，愛護公物，維護公共衛生。

　　七、嚴格按照培訓安排進行就餐、住宿。

××公司培訓中心

（五）新員工培訓回饋與考核

1. 崗位培訓回饋表（到職後一週內）

2. 公司整體培訓當場評估表（新員工用）（培訓當天）

3. 公司整體培訓考核表（培訓講師用）（培訓當天）

4. 新員工試用期內表現評估表（到職後 30 天）

5. 新員工試用期績效考核表（到職後天）

五、培訓體系的建設程序

（一）權責部門

建立並完善公司培訓體系，規範培訓體系建設流程，明確各部門對培訓的職責，評估和回饋培訓效果，以提高員工工作技能和公司的整體績效。

1. 公司培訓部負責培訓體系的建設。

2. 公司負責給予最大的支持。

3. 公司各相關部門負責配合培訓部開展培訓體系的建設。

（二）培訓需求調查

1. 培訓需求調查時間

每年＿＿＿月＿＿日下發年度培訓需求調查表，於＿＿月＿＿日回收調查表，保證回收率達到 100%，有效率達到 95%，並做好記錄與分析。

2. 培訓需求分析層次

(1)組織分析。從公司戰略目標出發，根據公司的整體績效、

公司的發展規劃以及公司主管的指示確定培訓內容。

(2)工作分析。根據崗位說明書和工作規範來確定培訓內容，主要適用於新員工培訓內容的分析。

(3)個人分析。個人分析主要包括績效考核結果分析、職位變動以及員工個人的要求三個方面。

（三）年度培訓計劃的制訂與執行

1.年度培訓計劃制訂程序

(1)培訓部綜合培訓需求調查和分析結果，並組織召開培訓計劃制訂會議，與各部門溝通和討論，確定年度培訓計劃的內容。

(2)年度培訓計劃經公司總經理審核批准後，由培訓部組織執行。

2.年度培訓計劃的內容

(1)明確具體培訓目的，即員工參加培訓後要達到的目標。

(2)確定培訓內容，如下表所示。

表 8-5　培訓內容

培訓項目	培訓內容
職業品質	企業文化、管理理念、職業態度、責任感、職業道德、職業行為規範
職業技能	專業知識技能、管理技能、職業規劃、社交技能

(3)明確培訓對象，培訓對象及培訓重點內容如下表所示。

表 8-6   培訓對象及培訓重點

培訓對象	培訓重點
高層管理者	經營理念、決策、戰略等方面
中基層管理者	企業文化、管理知識、管理技能、高效工作、職業規劃等方面
專業技術人員	專業知識和技能、職業道德、溝通技巧、職業規劃、企業文化等方面
普通員工	提高工作績效的培訓

(4)確定培訓類型，培訓類型如下表所示。

表 8-7   培訓類型

類型名稱	類型介紹
崗前培訓	崗前培訓包括新員工集訓和用人部門培訓兩部份。新員工集訓一般是由培訓部組織實施的 1～2 天的培訓，主要培訓內容包括公司概況、企業文化、工資福利及各項制度；用人部門培訓內容主要包括工作職責、工作環境、部門特殊規定、介紹同事等
在崗培訓	在崗培訓是指各部門經理或經驗豐富的員工對部門員工進行定期或不定期的培訓，培訓方式主要包括現場培訓、師帶徒培訓、工作輪換等
脫崗培訓	脫崗培訓主要是由培訓部組織的內部集訓和外部培訓
員工業餘培訓	員工業餘培訓包括自費學歷教育、自學進修、職業資格考核、網上學習、自發學習等

(5)選擇培訓方式。一般包括課堂講授法、案例分析法、角色扮演法、小組討論法、拓展訓練法以及軍訓等培訓方式。

(6)編制培訓預算。每年針對培訓內容預測培訓費用，培訓費用主要包括講師費、場地費、交通費、教材資料費、食宿費等。

(7)選擇培訓講師。培訓講師主要分為內部講師和外部講師兩種，內部講師主要由公司中高層管理者擔任。

（四）建設內部講師隊伍

1.內部講師的選拔制定內部講師團隊管理辦法，選拔具有培訓授課能力的優秀管理人員組成內部講師團隊，並將培訓講師劃分為助理講師、初級講師、中級講師、高級講師，從助理講師開始逐步晉級。

2.內部講師的職責

(1)根據所授課程編寫培訓教材。

(2)每年達到一定的授課時數。

(3)按照培訓部的要求定期或不定期地參加培訓講師的培訓。

3.內部講師的激勵與考核

(1)根據授課時數、講師級別、滿意度調查結果等給予培訓講師一定的報酬。

(2)根據年度培訓效果和滿意度調查對內部講師進行年終考核，並與當年的獎金掛鉤。

（五）建立培訓檔案

　　建立並完善培訓檔案，保存培訓教材、培訓費用、培訓記錄、培訓簽到表等與培訓有關的資料，以此作為員工晉升和獎懲的依據。

（六）培訓評估與回饋

　　培訓的評估與回饋主要是為了提高培訓效果、改進員工的績效、促進培訓成果的轉化，並以考核的方式對員工培訓效果進行獎勵和懲罰。

六、晉級培訓體系的建設程序

（一）權責部門

　　為規範晉級培訓體系建設流程，明確各流程的工作事項，特制定本控制程序。

　　1.公司培訓部負責晉級培訓體系的建設。

　　2.公司各相關部門負責給予支持與配合。

（二）晉級培訓體系建設考慮因素

　　1.晉級員工培訓需求。

　　2.公司現有課程資源。

　　3.晉級員工的職別與崗位職能。

　　4.晉級員工的培訓預算。

（三）晉級培訓需求

調查培訓部應通過採用問卷法、面談法、觀察法等方式獲取培訓需求信息。「晉級培訓面談表」如下表所示。

表 8-8　晉級培訓面談表

晉級員工姓名		任職部門	
面談人姓名		面談人職位	
面談日期		面談時間	
面談內容		面談記錄	
1.請談談來公司後你所擔任的職務			
2.簡要談談你來公司後的工作業績			
3.你覺得日常工作中還有那些地方需要改善			
4.請談談你認為新晉級職位需要什麼樣的能力			
5.你覺得對你的成長及業績有利的因素有那些			
6.從現在開始半年內，你期望達到的目標是什麼		（本職工作領域內） （本職工作以外領域）	
7.你希望在那些方面增加一些有針對性的培訓			

（四）晉級培訓內容

晉級培訓內容主要分為專員晉級主管培訓內容、主管晉級經理培訓內容以及經理晉級總監培訓內容三個方面。因崗位不

同，其專業技能培訓內容不同。

（五）內部講師建設

(1)內部講師的選拔。對內部講師候選人進行考試篩選，可採用試講、面談的方式進行，以考察其組織能力、表達能力和邏輯能力等。

(2)內部講師的培訓。內部講師候選人都必須參加 TTT 培訓，以提高內部講師隊伍的整體素質。

(3)內部講師的認證。內部講師一般分為初級講師、中級講師、高級講師和資深講師等級別，每一級別賦予相應的工作經驗、業績表現、培訓時間及評估分數等。

(4)內部講師的激勵。激勵措施主要包括頒發講師證書、給予授課津貼、提供職位晉升空間等。

(5)內部講師的考核與評估。其目的是幫助內部講師提高培訓效果。

（六）組織晉級培訓

1.實施前的準備工作

(1)起草晉級培訓通知書，明確培訓對象、培訓時間、培訓地點以及紀律要求等內容。

(2)編寫培訓協議書，說明培訓費用的支付說明、培訓學習期限、員工培訓期間待遇、獎懲規定、違約等內容。

(3)選擇培訓場地，檢查培訓場地的燈光、冷氣機、通風設備、教室佈置情況等是否符合培訓的要求。

(4)培訓設備的準備，投影儀、白板、錄影機、電腦、掛圖、材料印刷等是否準備齊全。

(5)培訓後勤工作，主要包括交通、食宿、培訓期間的茶點、培訓現場的週圍環境等事項。

2.實施中控制工作

(1)分配工作。培訓部經理負責合理分配任務，確保每一項工作都有專人負責。

(2)培訓現場管理。培訓現場管理主要包括現場紀律管理和培訓現場安全管理。

3.培訓後的跟進工作

(1)培訓跟進信息回饋。培訓結束後，培訓部應給每位受訓學員的直接上級發送一份「培訓跟進信息回饋表」，請受訓學員和直接上級共同填寫回饋意見。

(2)跟蹤觀察。培訓結束後，培訓部應選取幾個典型的學員代表進行觀察，以便獲得比較全面的信息。

（七）進行晉級培訓效果評估

培訓部負責對晉級培訓進行效果評估，並撰寫培訓效果評估報告。報告主要包括培訓評估工作開展的背景、培訓評估人員、評估流程、評估結果、評估結論及意見等內容。

七、領導力培訓體系的建設程序

（一）權責部門

為規範領導力培訓體系建設流程，建設高品質的領導力培訓體系，確保公司領導力培訓效果的最大化，特制定本控制程序。

1.公司培訓部負責領導力培訓體系的建設。

2.公司各相關部門負責給予支持與配合。

（二）明確領導力培訓體系建設目標

1.使公司管理人員能夠瞭解領導風格的基礎理論，掌握有效的管理溝通技巧。

2.使公司管理人員認識到管理下屬的正確工作態度，以及如何培養下屬、合理授權。

3.確保所有的管理人員能夠掌握卓越的領導方式和方法。

4.提高管理人員在日常工作中樹立自身威信和領導力的能力。

（三）進行領導力培訓需求分析

培訓部可以採取培訓需求分析表的形式進行領導力培訓需求分析。「領導力培訓需求分析表」如下表所示。

表 8-9 領導力培訓需求分析表

序號	分析項目	分析結果				
		優	良	中	低	差
1	在下屬員工面前能夠樹立威信					
2	擁有良好的職業素養和從業心態					
3	很自信、很果斷，能擔負起管理者的責任					
4	能夠激勵下屬員工自覺自願地幹好本職工作					
5	能夠有效控制自己的個人情緒，並理性地處理問題					
6	能夠換位思考，有效站在他人的角度看待問題					
7	出現問題時，能夠取得其他部門的支持					
8	對於問題員工的管理，能夠做到遊刃有餘					
9	能夠利用自身的領導藝術提升團隊管理水準					
10	能夠很好地處理團隊衝突，使團隊向共同的目標而努力					

（四）確定領導力培訓內容

領導力培訓內容主要包括自我管理技能、團隊管理技能和有效運營技能三個方面，具體內容如下表所示。

表 8-10　領導力培訓內容

培訓項目	培訓內容
自我管理技能	培養人生經營的危機感和企業經營的敬畏感、個人職業化的角色定位、個人時間管理、個人魅力塑造等
團隊管理技能	把握團隊職業化對公司的影響、不同類型員工的管理、指導下屬業務技能、培訓下屬的技能等
有效運營技能	目標管理、授權管理、激勵管理、變革管理、情緒管理、風險管理

（五）組織領導力培訓實施

1.明確培訓對象

公司領導力培訓對象如下表所示。

表 8-11　領導力培訓對象

培訓對象	培訓對象細分
高層管理人員	總經理、行政總監、人力資源總監、行銷總監、生產總監
中基層管理人員	各部門經理、各部門主管、區域經理、班組長

2.確定培訓時間

領導力課程的培訓時間自＿＿年＿＿月＿＿日至＿＿年＿＿月＿＿日，爲期 6 個月。培訓的具體時間以培訓通知書中的時間爲準。

3.明確培訓地點

公司培訓的地點在公司會議室進行，外部公開課的培訓地

點視具體培訓機構而定。

4.選擇培訓師

公司選定的外部培訓師擬請 XX 管理諮詢公司的培訓師 XX 老師和 XX 老師到公司講授相關的培訓內容。

（六）進行領導力培訓評估

1.培訓評估調查

培訓部可以通過評估調查表的形式進行領導力培訓評估，調查表主要從講師的授課效果、培訓內容和培訓組織服務工作三大方面進行問題設計。「領導力培訓評估調查表」如下所示。

表 8-12　領導力培訓評估調查表

評估項目	評估內容	評估得分	加權平均分數
講師授課技巧	課堂氣氛的掌控能力		
	授課的邏輯性與系統性		
	課堂互動情況		
	授課技巧		
培訓內容設計	內容的適用性		
	內容的難易程度		
	內容的合理性		
培訓組織工作服務	培訓場地的佈置		
	相關設施的準備		
	培訓工作人員的服務品質		
綜合得分			

2.培訓效果評估

對於領導力培訓的價值與效果，本公司主要從下屬員工流失率、下屬員工能力提升、個人魅力提升以及成本節約四個方面進行評估分析。具體內容在此省略。

八、新員工培訓體系的建設程序

（一）權責部門

為規範新員工培訓體系建設流程，明確各流程的工作事項，特制定本控制程序。

1.公司培訓部負責新員工培訓體系的建設。

2.公司各相關部門負責給予支持與配合。

（二）新員工培訓課程體系設計

新員工培訓課程的設計必須要有針對性，公司培訓部應根據新員工培訓目的及其內容進行課程體系的構架。新員工培訓課程體系如下表所示。

表 8-13　新員工培訓課程體系

培訓課程	培訓課時	培訓地點	培訓講師
對新員工致歡迎辭			
公司歷史、文化、經營目標			
公司組織結構和主要業務	4 小時	公司會議室	公司主管
公司政策與福利、相關程序			
發放公司資料並回答新員工提問			

公司人力資源管理制度			
公司財務管理制度	4 小時	人力資源部	培訓部經理
公司行政辦公管理制度			
部門組織結構與功能介紹	2 小時	本部門	部門經理
部門內部規章管理制度			
新員工工作描述與職責要求	40 小時	本部門	指導老師
新員工工作技能與技巧培訓			
新技術和方法培訓	6 小時	公司會議室	外聘講師

（三）新員工培訓實施管理

1.培訓部在新員工培訓之前，應充分準備新員工培訓資料，一般包括企業背景資料、企業產品知識、企業員工手冊、新員工培訓教材、新員工培訓課程表、員工崗位說明書、新員工崗位培訓檢查表、專業技術文檔、企業發展相關圖片等。

2.新員工培訓場地應確保培訓在實施過程中不被中斷或干擾，根據培訓方式的不同，培訓地點的選擇也會有所不同。

3.對新員工進行培訓前，應根據培訓內容和方法選取投影儀、幻燈機、黑板、白板、麥克風等培訓設備和工具，並確保這些培訓設備具體落實到位、運行狀態良好。

4.新員工培訓時間。新員工培訓的整個過程一般要持續 6 個月，根據實際情況可適當延長或縮短。

5.新員工培訓方法。公司情況介紹可採取實地參觀、多媒體教學等方式進行；新員工專業知識培訓課程採取集中授課、

普通講座的方式進行；專業技術培訓可採取實際操作和練習的方式進行。

　　6.新員工培訓教材。新員工培訓教材以自編爲主，適當購買教材爲輔。爲提高培訓品質，凡因培訓內容涉及、需要相關部門提供培訓資料的，各部門編制教材並提交給培訓部，由培訓部統一以書面資料或幻燈片形式編制成新員工培訓教材。

　　7.培訓講師。新員工培訓的講師由公司內部人員擔任，公司高層主管、培訓部經理、部門主管、專業技術人員、專職講師等都可以被邀請作爲新員工培訓的講師。培訓講師的具體選擇依據培訓內容而定。

（四）新員工培訓效果評估

　　1.每開展一項培訓項目，公司應適時地對新員工的培訓效果進行評估，由培訓講師和培訓指導人員負責。

　　2.新員工培訓評估主要通過測試和現場操作等方式進行。培訓講師在培訓結束時，對新員工進行考核並評定出測試成績，作爲新員工試用期考核和轉正的參考；培訓指導人員根據新員工培訓期間的表現填寫「新員工培訓評估表」，作爲培訓評估的參考依據。

　　3.培訓評估結果將形成書面報告，呈報用人部門主管、人力資源部部經理及相關主管，作爲新員工轉正錄用的參考。

九、培訓體系建設的報告範本

（一）培訓體系建設背景

____年，公司培訓管理工作面臨的問題日益凸顯，要求公司必須建立健全培訓體系。公司培訓管理工作面臨的問題如下所示。

1.培訓管理職能不清，不利於培訓工作對公司業務的支援和服務。

2.培訓課程體系不健全，解決不了各個層級員工的培養和提升問題。

3.培訓組織策劃能力不高，主要體現在培訓需求分析不夠深入和準確，計劃制訂與培訓目標結合度不高，培訓組織和實施的管理水準低，培訓評估和效果轉化缺乏標準和有效工具等方面。

4.培訓管理制度缺失，導致培訓申請、執行和監督沒有規範和制度化的約束。

5.培訓資源管理欠缺，不利於培訓效果評估與分析，不利於原始數據的整理和保存，無法有效開展公司培訓資源的整合工作。

（二）培訓體系建設目標

1.強化培訓管理職能建設，優化培訓管理平臺，明確各部門對培訓的職責。

2.建立完善的培訓課程體系，梳理出培訓重點關注對象以及培訓課程。

3.整理目前培訓運作流程，逐步形成具有公司特色的培訓運作機制。

4.建立健全培訓管理制度，使培訓管理工作規範化和制度化。

5.有效整理、整合、評估各類培訓資源，使其發揮最大的效果。

（三）培訓體系建設原則

1.戰略導向原則。培訓體系的建設必須根據公司的現狀和發展戰略的要求，為公司培訓符合公司發展戰略的人才。

2.滿足需求原則。培訓體系的建設不僅要滿足工作需求，還要滿足公司和員工需求，在保證為公司提供所需人才的同時，激發員工的培訓積極性和自主性，從而確保培訓的效果。

3.全員參與原則。培訓體系的建設不只是培訓部的工作，還需要得到公司的大力支持以及各職能部門的積極配合。

4.員工發展原則。培訓體系建設和培訓課程設計應能夠與員工自我發展的需要相結合，達到公司和員工「雙贏」。

5.動態均衡原則。培訓體系必須保證公司不同崗位的員工都能接受到相應的培訓。培訓體系不是固定不變的，隨著企業內外部環境的不斷變化應能夠及時進行調整。

（四）培訓課程體系

針對培訓管理對公司的職位進行層、類的劃分，並對各層各類的培訓進行系統的規劃和分析，設計出各層、各類的重點培訓課程。分層分類培訓課程體系如下圖所示。

圖 8-2　培訓課程體系設計

<table>
<tr><td colspan="8">高層管理人員培訓</td><td rowspan="3">管理技能</td></tr>
<tr><td colspan="8">中層管理人員培訓</td></tr>
<tr><td colspan="8">基層管理人員培訓</td></tr>
<tr><td>人力資源系列</td><td>市場行銷系列</td><td>客戶服務系列</td><td>採購物流系列</td><td>財務管理系列</td><td>生產品質系列</td><td>技術研發系列</td><td>行政管理系列</td><td>專業技能</td></tr>
<tr><td colspan="8">高層管理人員培訓</td><td rowspan="2">基本技能</td></tr>
<tr><td colspan="8">中層管理人員培訓</td></tr>
</table>

（五）培訓運營體系

培訓運營體系主要包括培訓需求分析、培訓課程設計、培訓計劃制訂、培訓實施、培訓效果評估五個方面的內容。

1.培訓需求分析

⑴確定培訓需求的主要依據：公司的戰略規劃及年度經營目標、人力資源規劃、市場競爭需要與核心競爭力培養要求、員工績效考核結果、職位運行狀況和任職能力狀況之間的差距。

⑵培訓需求分析的層次：公司層面、工作層面、個人層面、戰略層面。

⑶培訓需求分析流程：制定培訓需求分析方案→設計培訓

需求分析問卷→發放培訓需求調查問卷→培訓需求面談→匯
總、分析調查信息→撰寫培訓需求分析報告。

(4)培訓需求分析的方法：任務分析法、績效差距分析法、
觀察法、關鍵人物訪談法、問卷法。

(5)培訓需求分析的工具：部門培訓需求調查表、崗位培訓
需求調查表、員工培訓需求調查表、管理人員培訓需求調查表、
培訓需求匯總表、培訓需求分析組織實施表等。

2.培訓課程設計

(1)在培訓需求分析的基礎上，根據培訓需求匯總，確定培
訓需求，將培訓所要解決的問題和對象進行分類，選擇最有價
值的培訓，確定培訓的主題和名稱。

(2)培訓部根據公司各崗位的職責和要求，區分和定義不同
崗位工作的知識和技能要求，編寫公司各崗位應知應會的知識
和技能庫。

(3)培訓部根據重點培訓需求，結合崗位知識和技能要求，
設計培訓課程組合方案。

(4)培訓部組織召開各部門參加的專門的培訓課程分析會，
針對培訓需求分析的結果，充分討論課程解決問題的時效性和
可能的結果，並對每個課程的內容主題進行必要的研討修訂，
最終確定培訓課程名稱。

(5)培訓部將每組課程進行整理，並組織公司內外講師編寫
課件，經審核通過的培訓課程，納入公司培訓課程體系。

3.制訂培訓計劃

培訓計劃是按照一定邏輯順序排列的從公司戰略目標出

發，在全面、客觀的培訓需求分析基礎上組成的，對培訓時間、培訓地點、培訓者、培訓對象、培訓方式和培訓內容等進行的預先設定。

4.培訓實施

培訓實施的主要工作包括制定課程安排計劃方案、培訓通知、培訓物資準備、確認培訓講師和培訓對象、培訓開班前檢查、培訓中和後檢查及監控。

5.培訓效果評估

培訓效果評估包括過程評估和效果評估兩個部份。

(1)過程評估包括培訓實施前評估和培訓實施過程中評估。培訓實施前的評估主要是針對培訓實施前的需求分析和計劃過程，檢查是否存在可能導致培訓無效的各種問題。培訓實施過程中評估是指以確定的培訓方案為基礎，結果培訓實施的跟蹤記錄和學員回饋，將實際的實施情況與計劃相比較，找出培訓實施過程中出現的問題。

(2)效果評估結果將直接用於培訓課程的改進和培訓講師的調整，一般分為反應評估、學習評估、行為評估、結果評估四個層次。

（六）培訓管理制度體系

建立健全公司培訓管理制度體系，主要包括員工參與培訓制度、外派培訓制度、海外培訓制度、員工學歷培訓制度、員工崗前培訓制度、培訓考核制度、培訓獎懲制度等。

（七）培訓資源體系

1.培訓教材

培訓教材體系主要包括課程教案、講師手冊、學員手冊等。

2.內部講師隊伍建設

內部講師管理主要包括內部講師的推薦、選拔、晉級、考核等內容。

3.外部培訓資源管理

建立外部培訓機構檔案，引入供應商管理辦法，全面考核和評級。

4.培訓檔案管理

(1)公司所有培訓都要上報培訓部，經審核後方可開展培訓，每次培訓都要有專人記錄簽到表，所有培訓資料和培訓形成的文件送交培訓部存檔。

(2)建立員工培訓檔案，保存培訓相關資料以及培訓費用的登記，採用培訓積分制，作為員工晉升或獎懲的重要依據之一。

5.培訓設備管理(略)

報告人：＿＿＿＿＿＿

十、新任經理培訓體系建設的報告範本

（一）新任經理培訓體系建設情況

公司培訓部建設新任經理培訓體系歷時一個月，於＿＿＿＿年＿＿＿月＿＿日開始，至＿＿＿＿年＿＿月＿＿日結束，設計了公司概況、通用技能、管理技能和專業技能四個方面的培

訓課程模塊，共 27 門課程。培訓部在進行新任經理培訓體系建設之前進行了詳細的培訓需求調查，設計的培訓體系具有較強的針對性和適用性。

（二）新任經理培訓體系建設願景

(1)儘快熟悉公司，對公司產生興趣並建立忠誠度。

(2)掌握專業技能和管理技能，儘早達到期望的工作效率。

(3)能夠快速獲得下屬員工的尊敬，並適應新的工作崗位。

(4)充分挖掘下屬員工的潛力，實現最佳的團隊效率。

（三）新任經理培訓需求分析

1.公司層面分析

公司層面分析就是要把新任經理因不瞭解公司的概況、企業文化、願景和使命、經營方式等而造成的浪費控制在最低限度。如果公司不組織新任經理的相關培訓，新任經理可能要花更多的時間和精力來掌握這些知識和技能。

2.工作層面分析

(1)工作層面分析是讓新任經理瞭解有關職務的詳細內容及崗位任職資格,其結果也是設計培訓內容的重要資料來源之一。

(2)針對新任經理的工作分析，可以參考以往部門經理的培訓內容及培訓效果，也可以通過重點訪談新任經理瞭解其培訓需求。

3.個人層面分析

(1)新任經理特點分析。新任經理特點分析的重點是瞭解新

任經理的年齡、家庭情況、價值取向、工作習慣、溝通能力、自我管理能力等，以此爲依據結合公司的企業文化，對新任經理進行職業化訓練，幫助其清晰瞭解自己的職業發展、樹立正確的職業態度，從而提升其在今後工作中的積極性、協調性，減少抱怨。

(2)新任經理能力分析。對新任經理能力的培訓需求分析，一方面可以通過面談的方式獲得相關培訓需求信息，另一方面可以以問卷調查表的方式來獲取部份信息，確定其培訓需求。

4.新任經理培訓課程設計

根據公司發展戰略以及培訓需求分析，確定新任經理的培訓課程體系，如下表所示。

表 8-14　新任經理培訓課程體系

課程模塊	課程名稱	授課方式
公司概況	公司發展歷程	課堂講授
	企業文化培訓	課堂講授
通用技能	如何給員工做輔導	案例分析
	如何給員工作業績評估	案例分析
	管理角色轉變與定位	角色扮演
	如何給員工提供高品質培訓	課堂講授
管理技能	有效授權	課堂講授
	衝突管理	小組討論
	情緒管理	課堂講授
	提高執行力	課堂講授
	領導力管理	課堂講授
	如何創建團隊	角色扮演

續表

專業技能	銷售	銷售團隊管理	案例分析
		銷售策略實施	案例分析
		市場環境分析	案例分析
		顧客滿意度管理與塑造	課堂講授
	生產	精益管理	課堂講授
		全面質量管理	課堂講授
		高效的 5S 管理	課堂講授
		生產現場管理	現場演示
	財務	如何控制公司成本	課堂講授
		如何快讀讀懂財務報表	課堂講授
		如何進行預算控制	課堂講授
		如何進行納稅籌劃	小組討論
	人力資源	招聘與面試技巧	角色扮演
		如何設計有競爭力的薪酬	小組討論
		績效管理與績效目標分解	課堂講授
		如何進行培訓管理	案例分析

（四）新任經理培訓實施

1.確定培訓講師來源

為保證新任經理的培訓品質，除「公司概況」課程模塊外，其餘課程模塊的培訓講師都是從大學和培訓機構聘請的著名專業講師。

2.做好培訓準備

培訓部按照新任經理培訓實施計劃安排表提前一週做好培

訓準備工作，如安排培訓場地、準備培訓教材及輔助資料、租借或購買培訓設計、通知培訓講師和參加培訓的新任經理等。

3.制定培訓紀律

(1)培訓課堂上，需要將通信工具調整爲振動狀態，避免影響其他培訓成員。

(2)保證課堂紀律，不在上課期間抽煙，不在教室中隨便走動。

(3)若無特殊情況，不得缺席培訓，如因其他工作安排確實無法參與培訓的，需與培訓部經理確認，電話＿＿＿＿＿＿＿。

（五）新任經理培訓評估

1.培訓實施效果培訓結束時，培訓部協助培訓講師通過測試的方式，瞭解新任經理對培訓內容的理解程度和掌握程度。公司對不合格的員工將再次進行培訓，如仍不合格，應對其實施轉崗或解聘。

2.培訓組織效果評估

公司主要從培訓工作組織情況和教學工作情況兩個方面對培訓組織效果進行評估，其評估主要採取問卷調查的方式進行。

報告人：＿＿＿＿＿

十一、生產線人員培訓效果評估範例

通過今年年初的培訓需求調查和分析，人力資源部根據一

線操作人員的工作績效和行爲表現，發現在實際的工作中，有不少員工常常出現一些工作方向模糊、崗位環境混亂、技術參差不齊、工序流程不暢等問題。

　　爲進一步提高員工技術水準和工作效率，人力資源部與培訓專家一起針對這些問題，進行了有效分析，並結合年度培訓計劃提出了此次培訓方案。並於＿＿月＿＿日在公司報告廳舉行了一線技術能力培訓，一線操作人員共＿＿人參加了此次培訓。

（一）反應層評估

　　反應層的評估主要採用的是問卷調查的方法。人力資源部在培訓期間共下發培訓效果調查問卷一份，培訓結束之後，回收＿＿份有效評估問卷，以下爲問卷結果統計分析情況。

　　1.問卷統計分析結果

　　(1)對於課程是否符合工作需要的評價（如下表所示）

表 8-15　培訓課程是否符合工作需要評價

滿意層次	優良	良好	尚可	較差	極差
所佔比例	59%	37%	4%	0	0

　　從上表可以看出，受訓人員中有 96%的人認爲課程較符合工作需要。

　　(2)針對此次課程內容是否清晰、是否易於理解的評價（如下表所示）

表 8-16　課程內容是否清晰評價表

滿意層次	優良	良好	尚可	較差	極差
所佔比例	28%	59%	13%	0	0

從上表可以看出，87%的受訓人員對課程內容的評價達到「良好」以上。

(3)對講師是否準備充分的評價（如下表所示）

表 8-17　培訓講師準備是否充分評價

滿意層次	優良	良好	尚可	較差	極差
所佔比例	38%	47%	15%	0	0

從上表可以看出，85%的受訓人員認為培訓講師的準備較為充分。

(4)對此次培訓能接觸到新觀點、新理念和新方法的評價（如下表所示）

表 8-18　培訓內容是否新穎的評價

滿意層次	優良	良好	尚可	較差	極差
所佔比例	38%	50%	12%	0	0

從上表可以看出，88%的受訓人員認為此次培訓帶來了新觀點、新理念和新方法。

(5)對此次培訓有助於梳理工作思路和工作流程的評價（如下表所示）

表 8-19 培訓是否有利於工作的評價

滿意層次	有很大說明	有一些說明	僅有一點幫助	說不清楚	一點也沒有
所佔比例	35%	50%	10%	5%	0

如上表所示，85%的受訓人員認為本次培訓對於梳理工作思路和工作流程均有幫助。

(6)本次培訓內容在工作中運用的機會（如下表所示）

表 8-20 培訓內容在工作中運用的機會

滿意層次	有很多機會	有機會	說不清楚	一點也沒有
所佔比例	30%	63%	7%	0

如上表所示，93%的受訓人員認為培訓內容在工作中都有機會加以運用。

2.小結

本次評估調查的基本滿意度達到 85%及以上，85%以上的受訓人員對此次培訓給予了良好的評價。培訓內容與受訓人員的工作密切結合成為本次培訓的亮點。

（二）學習層評估

學習層的評估內容主要是學員掌握了多少知識和技能，記住了多少課堂講授的內容。因此，人力資源部根據課程內容設計了筆試和實踐操作兩種考核方式，並對考試結果進行了認真的評判，考核成績如下表所示。

表 8-21　一線操作人員培訓成績表

考試成績	0～60	60～70	70～80	80～90	90～100
所佔比例	2%	14%	22%	57%	5%

　　在此次考試中，98%的學員都達到及格水準，其中，有 63% 的學員達到良好(80 分以上)水準；只有 2%的學員沒有達到 60 分的及格標準。根據培訓制度，沒有及格的員工在一週後重新進行學習和補考，並且全部得以通過考試。

（三）行為層評估

　　對於生產流程和操作規範的培訓效果評估，人力資源部採取觀察的方式進行。下表是本次培訓的觀察記錄。

表 8-22　培訓效果觀察記錄表

培訓課程	增進個人技術、提高工作效率		培訓日期	___年__月___日
觀察對象	受訓人員全部工作過程		觀察記錄員	
項目	具體內容			
觀察到的現象	培訓前	1.工作崗位環境髒亂，地面丟棄物和成品不分，有個別煙頭出現		
		2.操作工具亂丟亂棄，經常無序擺放		
		3.工作流程無序，前後銜接不暢，許多工作有頭無尾		
	培訓後	1.工作崗位環境得到改善，地面丟棄物和成品擺放到位，無煙頭出現		
		2.操作工具合理歸位，擺放符合培訓內容要求		
		3.工作流程基本理順，工作銜接流暢到位，操作程序完整有序		
結論	1.工作環境和面貌得到改善和加強，工作效率有很大提高			
	2.應繼續開展一系列技術職稱培訓，以鞏固這種工作狀態			

(四) 效益層評估

效益層評估在培訓兩個月後進行,主要利用一線操作人員受訓後效率和生產品質的提高來間接說明培訓所帶來的效益。以下是本次培訓成本和收益的分析對比。

1.成本分析

本次培訓所產生的成本如下表所示。

表 8-23 培訓成本分析表

成本構成	具體名目	金額(單位:元)
直接費用	培訓講師費用(包括授課費、交通、食宿等費用)	3000
	培訓資料購買費用(列印複印、教材購買)	500
	培訓場地、設備器材租金(企業內進行)	0
	其他雜費(礦泉水、水費、電費)	600
間接成本	培訓組織人員的時間成本(小時工資水準×所耗時間)	1000
	受訓一線人員的時間成本(小時工資水準×所耗時間)	5000
	上級給予支持的時間成本(小時工資水準×所耗時間)	2000
總成本		12100

2.收益分析

該企業生產工廠的日產量為 1000 個。培訓前,生產過程中經常出現以下兩個問題:一是每天生產的 8%的電子因性能不符合要求而報廢;二是工人怠工情緒比較嚴重,遲到、早退現象

比較嚴重。而經過培訓，一線人員遲到、早退現象有所好轉，
日產量增加了 100 個；工作態度明顯改善，廢品率下降了 2%。

表 8-24　一線人員培訓收益分析表

生產成果	衡量指標	培訓前	培訓後	改善成績	年收益（按250個生產日，電子單價為6元）
產量	生產率（日產量）	1000個	1100個	每天多生產產品100個	100 × 250 × 6 = 150000元
品質	廢品率（日廢品量）	1000×8%（即80個/天）	1100 ×（8%－2%）(即66個/天)	每天少生產廢品12個	12 × 250 × 6=18000元

　　3.投資收益率計算

　　不考慮間接收益和培訓效益發揮年限的情況下，計算其投
資收益率，如下：

　　即為(150000＋18000)÷12100=13.88，可得出，此次培訓
的投入產出比為 1：13.88。

（五）培訓總結

　　此次培訓是非常有針對性的訓練，對提高一線操作人員的
工作技能和工作績效有很大的促進作用。通過分析，有兩點事
項值得注意。

1.表現突出的內容

(1)課程內容針對性較強，與工作的結合度較高，難度適中。多數知識點需要學員結合實際工作的具體情景才能更好地理解和運用，所以培訓後的回顧和應用對培訓效果有直接影響。

(2)學員反響比較好，大部份學員表示此次學習對自己更好地開展工作有較大的幫助，提高了個人的技術水準和工作效率。

(3)工廠的工作環境和工作面貌得到極大的改善，工作在順暢有序地進行。

(4)培訓後的經濟效益改善比較明顯。不但生產效率得到提高，而且生產品質也有了很大幅度的提升，產生的預期收益將有效保證企業年度計劃的完成。

2.需改進的內容

(1)有一部份員工因為各種原因沒有參加此次培訓，根據公司的相關規定及要求，人力資源部將對這部份員工的受訓記錄進行調查，並對未達到受訓要求的員工進行相應的處罰。同時，要求這些員工與此次培訓不合格的學員一起參與下次培訓。

(2)員工參與集體活動的積極性有待進一步提高，許多員工在培訓中的表現並不十分積極。

十二、管理人員培訓制度保障

1.基層管理人員培訓管理範例

第 1 條　目的

為提高本企業基層管理人員的素質，提升其知識和能力水

準，從根源上提高工作品質和改善工作績效，特制定本制度。

第 2 條　凡本企業所屬的基層管理人員培訓及相關事項均按以下規定辦理。

第 3 條　培訓部召集有關部門共同制定「基層管理人員培訓規範」，為培訓計劃和培訓實施提供依據。其內容主要包括以下三個方面。

　1.整個部門工作崗位職責分類，可參照人力資源部制定的「基層管理人員崗位說明書」。

　2.基層管理人員的培訓需求、培訓課程及培訓時間。

　3.初步擬定的培訓教材大綱。

第 4 條　各職能部門根據培訓規範和實際需要，擬定「基層管理人員培訓計劃表」，送培訓部審核。該表可包括以下三個方面的內容。

　1.本部門基層管理人員培訓需求調查說明，可附具體統計數據。

　2.說明本部門基層管理人員需要接受的培訓項目及參訓人數，簡單說明理由。

　3.建議培訓內容、培訓時間、培訓方式。

第 5 條　培訓部應將各部門提交的培訓計劃彙編成「年度計劃匯總表」，呈報人力資源部備案。該表包括培訓項目名稱、培訓內容、參訓部門及人數、培訓目的、培訓時間安排、培訓方式等方面的內容。

第 6 條　各部門組織職能變動或引進新技術時，應及時將具有針對性的培訓計劃提交培訓部。培訓部應立即配合實際需

要修改培訓規範、審議培訓計劃、擬定培訓方案。

　　第 7 條　各培訓項目主辦人員應於定期內，制定「基層管理人員培訓實施計劃表」，報批審核修訂後，通知參訓部門及相關人員。

　　第 8 條　培訓項目主要負責人應制定「培訓責任分配表」，明確培訓活動相關人員的任務和責任。對於企業內部兼職講師，應給予一定程度的獎勵，以提高他們的積極性。

　　第 9 條　確定基層管理人員能力提升培訓方式

　　1.現場個別指導培訓使基層管理人員通過工作實踐，不斷地自我提升，提高工作能力。

　　2.集中培訓，是將所有參訓人員集中在一起，由培訓講師統一授課進行培訓。

　　第 10 條　參加培訓的所有人員，尤其是參訓的員工，應做好工作的交接，不可因培訓耽擱工作，並安心參加培訓。企業根據合約有關工資的規定支付其受訓期間的工資。

　　第 11 條　無論是內部培訓講師，還是外聘的培訓講師，必須具備以下五個方面的條件。

　　1.學識淵博，技能嫺熟。

　　2.組織能力、策劃能力、協調性強。

　　3.語言表達能力強。

　　4.較強的自製能力。

　　5.具備較強的邏輯思維能力。

　　第 12 條　培訓項目主辦人員按照「基層管理人員培訓實施計劃表」負責全盤事宜的準備工作，如安排培訓場地、準備培

訓教材及輔助資料、租借或購買培訓設備及工具、通知培訓講
師及受訓人員等。

第 13 條　現場個別指導培訓主要通過「現場指導記錄表」
來完成，主要包括以下八點內容。

1.基層管理人員希望被指導培訓的內容、理由。

2.主管選用的指導培訓的課題、理由、期望。

3.基層管理人員及其上級協商後確定的指導培訓的課題。

4.協商過程中主要事項記錄。

5.指導培訓的日程安排表，涉及到的指導人員、受訓人員
名單。

6.在指導過程中，受訓人員所提的問題、所關心的內容。

7.在指導過程中，受訓人員面對批評及表揚的反應和態度。

8.在指導過程中，受訓人員解決問題的方法、面對失敗的
態度。

第 14 條　集中培訓的培訓講師應於培訓開始前一週將講
義原稿送至培訓部，由培訓部統一安排印刷，以便培訓時學員
使用。

第 15 條　爲了及時檢查學員的參訓效果，培訓講師應提前
製作出測試試題，於開課前送交培訓部。

第 16 條　集中培訓時，受訓人員應準時到達培訓現場並簽
到，遵守培訓會場紀律和相關規定。除特殊情況獲得批准外，
不允許不參加培訓。

第 17 條　集中培訓過程要用錄影記錄以便保存。如果條件
不允許，要指定人員記錄整個培訓過程。

第 18 條　每項培訓結束時，應舉行測驗檢查學員培訓效果，由培訓部相關人員或講師負責監考。

第 19 條　培訓講師於培訓結束後一週內，評定出學員的測試成績，並登記在「基層管理人員培訓測試成績表」中。培訓測試成績作爲員工年度考核及晉升的參考。

第 20 條　因故未能參加測驗者，事後一律補考，否則，不記入培訓檔案，不列入晉升計劃人選。補考仍未出席者，一律以零分計算。

第 21 條　每項培訓結束時，培訓部根據實際需要開展基層管理人員培訓意見的調查，要求學員填寫「基層管理人員培訓課程調查表」，與測試試卷一併收回，作爲培訓效果評估的參考依據。

第 22 條　培訓部應定期調查基層管理人員受訓的效果，分發調查表，供各部門主管或相關人員填寫後匯總。

第 23 條　結合生產效率、次品率、銷售業績的比較，評估基層管理人員受訓的成效。

第 24 條　將以上評估的內容及結果形成書面的報告，呈報人力資源部經理和總經理，分發相關部門及人員。

第 25 條　基層管理人員提升培訓所花的費用由培訓項目負責人申請，報財務經理和總經理審核；在培訓結束後提供各種財務憑證，於財務部報銷，多退少補。

第 26 條　關於基層管理人員培訓檔案的規定

1.人力資源部專員應將基層管理人員能力提升培訓的受訓人員情況、受訓成績，登記在「員工培訓記錄表」中，以充實、

完善企業員工的培訓檔案。

　　2.建立基層管理人員能力提升培訓資料庫，包括其培訓需求分析、培訓計劃方案、培訓實施方案、培訓評估、考核記錄等各方面的內容。

　　3.建立基層管理人員培訓講師檔案，主要包括培訓講師姓名、基本簡歷、培訓經驗、培訓業績、擅長的領域等各方面的內容，以便於日後基層管理人員能力提升培訓講師的選擇工作。

　　第 27 條　基層管理人員能力提升培訓的舉辦，應儘量以不影響工作為原則。例如，超過下班時間 1.5 小時以上，或上下午均安排有培訓課程的，應由培訓實施機構負責申報膳食費，學員不得另外報支加班費。

　　第 28 條　基層管理人員參加培訓的經歷及成績可作為人力資源部年度考核、晉升的參考。

2. 中層管理人員培訓管理制度範例

　　第 1 條　為提高本企業中層管理人員的管理水準，提升其專業知識、管理知識、管理技巧與溝通協調能力，加強決策的執行力度，特制定本制度。

　　第 2 條　中層管理人員培訓要根據企業的長遠發展目標和總經理的指示進行。

　　第 3 條　培訓部及相關人員要配合培訓實施機構，做好中層管理人員需求調查分析工作。中層管理人員要從實際工作出發，認真對待並填寫「中層管理人員培訓需求調查表」。

　　第 4 條　中層管理人員培訓需要達到的目標包括以下四點。

1.明確中層管理人員的角色認識，貫徹企業的經營方針，推動實現企業的經營目標。

2.培養中層管理人員的領導能力和管理才能。

3.豐富中層管理人員的知識，培養其溝通和協調能力。

4.通過學員之間的相互交流、相互啓發，拓展視野，探討更有效的方式、方法，解決管理問題。

第 5 條　中層管理人員要配合培訓部制訂好相應的年度培訓計劃，填寫「中層管理人員培訓計劃表」，包括培訓項目名稱、培訓內容、參訓時間、培訓方式等，並配合培訓實施部門制訂具體的培訓實施計劃。

第 6 條　安排中層管理人員培訓內容時，側重點在培養其獨立解決問題和溝通協調的能力。主要包括以下五大方面。

1.管理學原理及基礎知識。

2.組織行爲管理，組織管理原理。

3.培訓下屬的方法和技巧。

4.人際關係。

5.領導能力。

第 7 條　選擇中層管理人員培訓方式和方法時，要與中層管理人員的閱歷及工作中遇到的問題相聯繫，經常採用的方法有案例研討、角色扮演、小組討論、對話交流等。對於缺乏系統管理理論的中層管理人員，可以選擇普通講座的授課方式進行培訓。

第 8 條　每次參加中層管理人員培訓的人數以 12～15 人爲宜，時間長短則視培訓地點的遠近來定。培訓對象爲中層管理

人員（包括新任和現任的）及其候選人。

第 9 條 對於有特殊培訓需求（如參加 MBA 培訓班）的中層管理人員，需要填寫「中層管理人員培訓申請表」，交總經理和董事長審核批准後方可執行。相關事宜請參照《脫崗與外派培訓相關管理制度》執行。

第 10 條 培訓項目主辦人員按照「中層管理人員培訓實施計劃表」負責全盤事宜的準備工作，如安排培訓場地、準備培訓教材及輔助資料、租借或購買培訓設備及工具、通知培訓講師及參訓的中層管理人員等。

第 11 條 培訓部相關人員按「培訓實施所需物品清單」租借或購買相關物品，有需要製作的物品需要及時辦理。

第 12 條 培訓實施過程需要注重訓練中層管理人員以下四個方面的能力。

1.制訂計劃的能力——明確工作目標和方針，掌握相關數據和事實，科學有效的調查方法，擬訂計劃實施方案。

2.組織管理的能力——工作目標分析分解，職務內容分析及確定，組織機構設置，組織結構圖表製作，下屬的招聘和選拔。

3.執行控制的能力——整理指示的內容，確定執行的標準和規範，嚴格遵守執行規範和程序，確保下屬徹底理解指示，改進下屬工作態度，提高工作積極性。

4.訓練下屬員工的能力——以適當的方法指導下屬把握現有能力，設定能力標準，掌握指導下屬的四個步驟（培訓學習動機、解釋重點、讓下屬親自操作並糾正偏差、確認下屬完全學

會），掌握與下屬交談的要點。

第 13 條　有關中層管理人員訓練指導下屬能力的培訓，可採用情景類比的方式實施，在實施的過程中即可進行點評和改進。

第 14 條　所有參訓的中層管理人員都要遵守培訓會場的紀律，關閉所有通信工具，保證培訓課程的秩序和正常進行。

第 15 條　中層管理人員培訓常採用脫崗、外派的形式。

第 16 條　中層管理人員培訓實施時須注意以下三個細節。

　1.必須有高層或經營者的協助。

　2.確保中層管理人員以坦然的心態參加。

　3.能在指定時間內幫助中層管理人員解決相應的問題。

第 17 條　培訓結束時，培訓部根據實際需要調查中層管理人員對培訓各個方面的想法和建議，要求學員填寫「中層管理人員培訓課程調查表」。作為培訓課程評估的參考依據。

第 18 條　對於提高中層管理人員專業知識和管理知識的培訓，評估可採用考試和應用兩種方式進行。

第 19 條　培訓結束時，根據實際需要舉行測試，試題由培訓講師事先根據培訓內容制定。由培訓講師或培訓組織人員監考。

第 20 條　培訓講師應在培訓結束後一週內，評定出學員的成績，登記在「中層管理人員培訓測試成績表」中。培訓成績作為年度考核和晉升高層管理人員的參考。

第 21 條　評估培訓的應用效果要結合中層管理人員的工作情況來執行。通過訪問中層管理人員的上級、下屬獲得中層

管理人員工作開展的情況，如傳達上級指示的方法、批評下屬的策略掌握等。將這些情況與培訓前相比較，評估培訓效果。

第 22 條 中層管理人員受訓後，要承擔培訓部門員工和其他人員的責任，將所學知識傳授給企業的員工。

第 23 條 中層管理人員培訓所花的費用由培訓項目負責人申請，報財務經理和總經理審核；在培訓結束後提供各種財務憑證，到財務部報銷，多退少補。

第 24 條 自費參加學歷培訓的中層管理人員，在學習開始時，可與企業簽訂「借款合約」，雙方協定借款金額、借款期限、借款利率及利息的計算方式。借款期限一般爲 1 年，最長不超過學習期限。至於培訓期問及培訓後的相關工作事宜。

3. 高層管理人員培訓管理範例

第 1 條 爲提高本企業高層管理人員的管理水準和決策能力，特制定本制度。

第 2 條 凡本企業所屬的高層管理人員培訓及相關事項均按本制度辦理。

第 3 條 高層管理人員培訓的目標包括以下三點。

1.明確高層管理人員的角色，制定企業的經營目標並達成。

2.學習運用有效的方式和科學的程序，制定工作目標，解決所發現的問題。

3.通過參加培訓，高層管理人員之間相互交流，豐富知識並擴展視野。

第 4 條 高層管理人員培訓的內容包含以下四個方面。

• 學習制定經營目標及其實施方案。

- 明確高層管理人員的角色及其日常事務。
- 學習解決問題的程序。
- 學習使用解決問題的討論方法。

第 5 條　高層管理人員培訓的實施方式主要有會議討論、腦力激盪、實地考察等方法；參訓人數一般爲 15 人；受訓對象爲企業高層管理人員及其候選人；培訓時間一般爲 3 天。

第 6 條　凡高層管理人員培訓應著重培養其創新和開拓的觀念，應做到以下兩點。

- 鼓勵高層管理人員要從舊觀念的羈絆中解脫出來，勇於創新。
- 鼓勵高層管理人員要解除經驗的束縛，接受新思想、新觀念，富於創造性地開展工作。

第 7 條　凡高層管理人員培訓應著重培養其以下四個方面的意識。

- 有引進新產品、新技術、新設備的意識，敢於改良本企業的舊產品。
- 掌握新的生產方法，瞭解企業經營的新技術。
- 努力開拓新市場、新領域的意識。
- 財務管理和成本控制意識。

第 8 條　凡高層管理人員培訓，應著重培養其自身的素質，包括身爲高層管理者的責任心和使命感、獨立經營的態度、嚴謹的生活態度、誠實守信的經營方針、熱忱服務企業的高尚品質。

第 9 條　凡高層管理人員培訓，須培養其以企業的經營效

益提高為工作目的，培養其為企業創造最高利潤的思想觀念。

第 10 條　凡高層管理人員培訓，應培養其養成良好的工作習慣——隨時深入市場，進行市場調查和研究行銷方案，以推進行銷活動，不斷提高企業的效益。

第 11 條　凡高層管理人員培訓，需訓練其研究行銷方案的能力和方法。研究行銷方案有以下六個基本步驟。

- 確定研究的主題，確立研究的目標。
- 選擇所需要的資料及資料來源。
- 選擇調查樣本。
- 實地搜集資料。
- 整理、分析所收集的資料。
- 進行總結並寫出報告。

第 12 條　高層管理人員培訓應訓練其指導下屬的能力和方法。高層管理人員指導下屬的四個基本步驟。

- 說給下屬聽。
- 讓下屬解釋重點。
- 做給下屬看。
- 讓下屬親自操作實施。

第 13 條　高層管理人員受訓後要承擔培訓中層管理人員或下屬的責任，將所學知識傳授給企業的員工，帶動企業的發展。

第 14 條　高層管理人員培訓所花的費用由培訓項目負責人申請，報財務經理和董事長審核；在培訓結束後提供各種財務憑證，到財務部報銷，多退少補。

第 15 條 自費參加學歷培訓的高層管理人員,在學習開始時,可與企業簽訂「借款合約」,雙方協定借款金額、借款期限、借款利率及利息的計算方式。借款期限一般為 1 年,最長不超過學習期限。至於培訓期間及培訓後的相關工作事宜。

十三、新員工的培訓方案

一、適用範圍
本方案適用於公司所有新入職的員工。

二、培訓原則
先培訓,後上崗。

三、培訓時間
凡新進人員的入職培訓一般不少於 8 學時,如有特殊情況,可報人力資源部適當延長或縮短培訓時間。

四、新員工培訓內容安排
新員工培訓內容包括公司歷史、發展規劃、企業文化建設、公司經營狀況、組織結構、管理制度、相關崗位(職務)的業務知識和工作責任制等。新進員工的培訓日程安排見表 8-25。

五、新員工培訓實施程序
1.新員工入職前一週,人力資源部組織制訂不少於 8 學時的新員工培訓計劃。新員工培訓一般安排在新員工入職時或入職後 1 個月內。

表 8-25　新員工的培訓內容一覽表

培訓項目	培訓負責人	時間	具體培訓內容
公司整體培訓	人力資源部	到崗前	1.致新員工歡迎辭 2.公司歷史、願景、組織結構、主要業務介紹 3.公司薪酬福利政策、相關工作程序、績效考核及日常行為規範等制度 4.公司各部門職能介紹 5.整體培訓資料發放，回答新員工提出的問題
部門崗位培訓	部門經理	到崗後第1天	1.到人力資源部報到，進行新員工須知培訓 2.到部門報到，部門經理代表全體部門員工致歡迎辭 3.介紹新員工認識本部門員工，熟悉工作環境 4.部門結構、職能介紹 5.新員工工作描述、職責要求介紹
		到崗後第5天	1.一週內，部門經理與新員工進行非正式談話，重申工作職責，談論工作中出現的問題並回答疑問 2.對新員工一週內的工作表現做出評估，並確定短期績效目標 3.設定下次績效考核時間
		到崗後第30天	部門經理與新員工面談，討論試用期1個月內的表現，填寫評價表

2.人力資源部根據培訓計劃填寫「培訓安排通知單」，並發放至各部門經理，要求部門經理安排新員工按照規定的時間和地點準時參加培訓。

3.人力資源部負責培訓實施過程的協調、組織和控制工作，並對每位新員工的表現情況做記錄。

4.培訓結束時，人力資源部將綜合評估新員工的培訓效果，成績合格者准許回部門參加工作，人力資源部將其「培訓成績單」提交至各部門，同時為新員工建立培訓檔案，並留存此次培訓記錄。

5.因任何原因未能參加培訓的新員工，均不得轉正。

6.未參加培訓的新員工，不得參加公司組織的其他培訓。

六、新員工培訓評估

（一）培訓評估

1.培訓結束後，人力資源部組織新員工填寫「培訓評估表」。

2.人力資源部負責收集、分析「培訓評估表」，得出評估成績。

3.新員工培訓評估主要從內容準備、講解技巧、生動趣味、實際效果4個方面進行，評估結果採用百分制。

（二）新員工評估

1.在培訓結束後，人力資源部組織新員工進行簡單的考試，主要涉及培訓內容中一些重要的知識點。

2.人力資源部收集考試卷進行評分。

3.對新員工的培訓成果進行評估，可採用百分制評分法，

成績 70 分以上為合格。

　4.人力資源部將考試成績記錄到員工信息檔案，並通知本人和主管上級。

七、資料歸檔

人力資源部對培訓過程、培訓結果評估等文件進行歸檔保存，並定期向上級作彙報。

十四、內部講師選拔方案

一、適用範圍

公司所有內部培訓師的評選工作均依本方案執行。

二、評選範圍

在公司工作 2 年以上的正式員工。

三、評選原則

公司內部培訓師評選應遵守公平、公正、公開、合理和專業的原則。

四、評選方式

（一）部門推薦

公司人力資源部制定「內部培訓師資格評選條件」發給有關部門，由各部門參照「內部培訓師資格評選條件」推薦培訓師候選人。

（二）自我推薦

感興趣的員工可以自我推薦，經初步審核的合格者也可以作為培訓師候選人。

五、評選標準

1.具有積極的心態，對講課、演講具有濃厚的興趣。

2.知識淵博，具有相應的工作經驗和閱歷，具有良好的語言表達能力和較強的自主學習能力。

六、發佈評選公告與申請

人力資源部根據培訓工作的需要，在公司內部發佈某課程培訓師的評選通知。通知中應說明基本的評選條件，以及提交申請的方式和時間，並附上內部培訓師申請表(見表 8-26)。

表 8-26　內部培訓師申請表

申請人		所在部門	
入職時間		職務	
學歷		授課方向	
特長描述			
培訓經歷			
是否參加過與此類課程相關的培訓課程	課程名稱：	□是	□否
是否參加過培訓師培訓課程	課程名稱：	□是	□否
是否有相關的授課經驗	課程名稱：	□是	□否
審核意見	個人自薦理由		
	部門推薦意見		
	人力資源部意見		
	總經理審批		

　　符合條件的申請人可由各部門經理推薦或自薦，填寫「內部培訓師申請表」，報公司人力資源部進行初步審核。

七、進行初步審核

　　人力資源部進行初步審核，並要求申請人填寫「內部培訓師資格審查表」（見表 8-27）。

表 8-27　內部培訓師資格審查表

姓　名		崗　位		所在部門	
學　歷		專　業		職　稱	
授課方向		入職時間		工作年限	
專業特長					
授課經驗					
參加培訓經歷					
備　註					

（簽字前，請認真核對上述內容）

誠信承諾書

　　我保證所提供的上述信息真實、準確，並願意承擔由於上述信息虛假而帶來的一切責任和後果。

簽字：
日期：＿＿＿年＿＿月＿＿日

部門審核意見	簽字： 日期：＿＿＿年＿＿月＿＿日
人力資源部 審核意見	簽字： 日期：＿＿＿年＿＿月＿＿日

　　說明：請員工仔細核查上述信息並列印留存，提交後不予更改。

八、培訓和輔導

經初步審核，通過的人員需參加公司人力資源部組織的相關培訓，以獲得演講的開場、主體的展開和結尾、基本的課程設計、語言表達、現場控制等方面的專業知識與技巧。

九、試講與評審

（一）成立培訓師評審小組

1.小組成員

在公司高層主管中選出有培訓經驗的若干人員組成評審小組，並選出一人擔當評審小組的組長，負責評審小組的全面工作，人力資源部負責輔助其工作。

2.評審人員職責

召開評審小組工作會議，確定各人員的工作職責，對評審過程中可能出現的問題進行商討，以文件的形式確認評審標準和評審細則。

（二）安排試講

1.明確試講要求

(1)試講前要認真備課，熟悉講義，同時要堅定信心，為試講做好業務準備。

(2)試講時應嚴格按照正常培訓課程的要求進行，從容穩重、沉著冷靜，一切與正式培訓授課一樣。

(3)依據講義進行講解，突出重點，有條不紊，合理分配時間，注意前後環節的銜接，體現講與練的結合，過程一定要完整。

(4)注意認真總結經驗教訓，不但要知道試講中的優缺點，

還要能夠找出原因，以便今後採取有力措施，加強訓練，發揚長處，彌補不足。

2. 確定試講時間

(1)每個試講人員一般需要準備 30 分鐘的講課內容。

(2)人力資源部根據試講人數和講授課程的重要性，確定每個人的試講時間。

3. 明確試講內容

(1)試講內容要在正式講授的培訓課程內容中節選一部份。

(2)人力資源部要做好協調工作，避免試講人出現相同的授課內容。

（三）進行評審

評審小組跟進試講的全過程，對講課人進行全面評價並填寫「內部培訓師評價表」（見表 8-28）。

表 8-28　內部培訓師評價表

課程基本情況	課程名稱		授課時間	
授課內容評價	導入		素材	
	切題		案例	
	活動		收結	
	課堂氣氛		師生互動	
授課技巧評價	語言表達		肢體語言	
	時間掌握		技巧細節	
授課材料評價	幻燈配合		板書效果	

（四）聘任決定

公司人力資源部將申請人的綜合評審意見上報公司人力資源總監審核，經公司總經理審批後，由人力資源部向申請人發出是否給予聘任的決定。

十五、生產人員技能提升培訓方案

一、適用範圍

本方案適用於企業生產類人員技能提升培訓的設計。

二、培訓職責

1.人力資源部根據生產管理部提交的「員工培訓需求申請」，制訂「生產類人員技能提升培訓計劃」並組織實施。

2.生產管理部定期提交培訓需求、培訓人員名單，組織人員按時參加培訓等，積極配合人力資源部實施培訓工作。

三、培訓對象

生產工廠管理人員、工程技術人員、品質管理人員、設備維護人員。

四、生產類人員技能提升培訓內容

生產類人員技能提升培訓的主要課程內容見表 8-29。

表 8-29　生產類人員技能提升培訓的主要內容

現代生產管理技術	1. 生產管理系統 2. 生產計劃與控制的基本內容與方法 3. 現代企業流水線組織 4. 作業管理的基本內容與目標管理 5. 定額管理 6. 成本管理 7. 成本分析和成本控制 8. 全面設備管理 9. 物流管理 10. 員工自我管理小組 11. 成組技術 12. 項目動態技術 13. 最優作業排序 14. 準時生產方式（JIT）	15. 柔性製造系統（FMS） 16. 製造自動化系統（MAS） 17. 最優生產技術（OFF） 18. 物料需求計劃（MRP） 19. 製造資源計劃（MRPH） 20. 企業資源計劃系統（ERP） 21. 智慧資源規劃（IRP） 22. 電腦集成製造系統（CIMS） 23. 電腦輔助技術規程設計（CAPP） 24. 工程設計集成系統（EDIS） 25. 網路計劃技術（CPM、PERT、DCPM、GERT） 26. 業務流程整理（BPR） 27. 並行工程（CE） 28. 敏捷製造（AM） 29. 綠色製造（GM）
生產品質管理技術	1. 品質管理的發展歷程 2. 品質成本 3. 品質管理的基礎工作 4. PDCA循環小組 5. 品質管理的工具和方法 6. 全面品質管理（TOM） 7. 零缺陷活動 8. 品質信息分析和統計技術 9. 品質管理環境和支援系統 10. 員工參與 11. ISO9000標準演進過程和發展趨勢	12. ISO9000標準的組成及標準之間的內在聯繫 13. ISO9000標準的選擇和使用 14. 品質保證模式標準比較和選擇 15. 品質管理和品質保證標準比較 16. 建立品質體系和編制品質手冊 17. ISO9000的品質改進國際標準 18. 申請品質認證的程序 19. 品質認證法規 20. 國際品質認證制度和認證機構

續表

生產作業計劃管理技術	1. 製造業管理構架與管理需求分析 2. 如何制訂可行的生產計劃 3. 預測式、簡單存貨式、單階訂單式、多階訂單式 4. 同步化訂單排程模型結構的建立 5. 生產能力負荷規劃 6. 如何設定工作中心 7. 生產能力預測與修訂 8. 標準工作與負荷展開 9. 不同生產形態下的負荷管理要點 10. 如何運用MRP，使生產計劃切實可行 11. 適時、適量、適品種的生產供需 12. 進料期規劃技巧 13. 進度排程與管理技巧	14. 自動排程範本的建立 15. 如何使現場進度資料準確、及時 16. 如何對異常情況進行管理和檢查 17. 有效的工作分配與生產準備作業 18. 如何進行缺料預測分析 19. 訂單指令開具技巧和管理 20. 生產裝備技巧 21. 如何運用在製品存量管理 22. 現場管理量化 23. 如何運用其他支持手段完成生產計劃 24. 有效的現場品質管理手段 25. 有效的預防保養手段 26. 有效的效率確保和提高手段 27. 生產管理系統電腦化構架及成功導入

五、培訓方式

(一)講師講授

每年根據生產計劃執行情況，人力資源部於每年6月、12月分別組織兩次集中授課，每週六、日在企業培訓中心進行。

（二）自學

人力資源部將相關課程製作成培訓課件，由員工通過企業內部網培訓頻道自行學習，課程完成進入考試系統，結業合格由人力資源部頒發結業證書。

（三）集中學習

主要集中在生產管理人員的培訓，每年進行 1 次，為期 1 週，具體時間另行通知。

心得欄 ---------------------------------

第 *9* 章

晉級培訓體系的執行範本

一、晉級培訓管理教育制度的範例

第 1 條　目的

1.為規範公司晉級培訓體系的建設，滿足公司發展過程中對員工技能和素質的要求，培養公司發展所需的各種不同層次和不同類型的人才。

2.在全公司創造「能者上」的競爭意識，建立靈活高效的人力資源管理體制，同時也為員：〔提供職業生涯發展通道。

第 2 條　適用範圍

本制度適用於公司所有儲備晉級人員。

第 3 條　為加強公司內部人才梯隊建設，避免公司管理層人員出現斷層現象，公司各崗位應至少儲備兩名以上人員。儲備人員將作為公司晉級培養的重點對象。

第 4 條 各部門每月底，必須將本部門各崗位儲備人員名單以書面形式交於培訓部。表格形式如下表所示。

表 9-1 儲備人員名單

序號	部門	職位	姓名	儲備人員

第 5 條 儲備人員基本條件

1.組長（含）級以下人員，必須入職滿半年以上，並且工作業績顯著，近兩個月沒有因工作失誤或違紀受到公司處罰，綜合素質和能力居部門同層次員工之首。

2.主管級人員必須入職滿一年以上，且在同等副級職位上擔任半年以上管理工作，在半年之內沒有嚴重的工作失誤或違紀。

3.經理級人員必須入職滿兩年以上，且在同等副級職位上擔任一年以上管理工作，一年內沒有重大的工作失誤或違紀。

第 6 條 培訓部負責培訓課程的設置與調查，發佈「晉級培訓需求調查表」，分層次進行調查，調查結果作為晉級培訓課程設置的重要依據之一。「晉級培訓需求調查表」如下表所示。

表 9-2　晉級培訓需求調查表

培訓學員填寫欄						
若要做好本職工作需進行那些方面的培訓，請您將相關培訓課程填入下列表格。						

姓名		部門			職位	
課程名稱	課程內容	培訓目標	培訓形式	培訓講師	培訓課時	備註

部門主管填寫欄						
您覺得您的下屬目前還需要進行那些方面的培訓，才能更好地完成本職工作。請您將相關培訓課程填入下列表格						

課程名稱	課程內容	培訓目標	培訓形式	培訓講師	培訓課時	備註

第 7 條　培訓部培訓專員負責收集匯總「晉級培訓需求調查表」，並組織各層人員進行討論，最後制定晉級培訓課程。

第 8 條　晉級培訓課程確定後，由培訓講師準備內部課程所需教材。所有培訓教材都要交於培訓部進行保存。

第 9 條　晉級培訓內容如下表所示。

表 9-3　晉級培訓內容一覽表

培訓模塊		培訓內容
理論培訓		專業知識、晉級崗位任職資格、工作重點與難點的把握
技術培訓		機器設備的調試、軟體的操作、參數控制的調試、異常問題的處理
綜合培訓		品質管理、生產管理、非人力資源經理的人力資源管理、非財務經理的財務管理
管理能力	基層管理者	組織能力、教練能力、溝通能力、控制能力、督導能力、解決問題能力
	中層管理者	溝通協調能力、組織能力、指導能力、培養下屬能力、持續改善能力、執行力提升等
	高層管理者	計劃能力、統籌能力、分析能力、培訓指導能力、執行力、解決問題能力、預見問題能力、思考力、觀察能力等

第 10 條　培訓方向

找出與晉級崗位和公司要求素質、能力、技術的差距及個人弱勢。通過培訓、部門主管栽培，達到晉級要求。

第 11 條　各部門主管負責授課，師資結構由培訓部每年不定期調整。

第 12 條　對於所有儲備人員，各部門必須以書面形式交於培訓部備案後，方可進入晉級培訓階段。

第 13 條　儲備人員的時限

1.組長（含）級以下人員的儲備期限不得低於 2 個月。

2.主管級人員儲備期限不得低於 3 個月。

3.經理級人員儲備期限不得低於 1 年。

4.公司總經理特批除外。

第 14 條 晉級的方向

1.生產類：生產→線員工→班組長→工廠主任→生產部副經理→生產部經理。

2.銷售類：銷售專員→銷售主管→銷售經理→行銷總監→總經理。

3.財務類：助理會計師→會計師→高級會計師→總會計師。

4.技術類：初級工→中級工→高級工→技師→中級技師→高級技師。

第 15 條 晉級的基本條件

1.必須符合部門已審批的晉級方向。

2.晉級人員必須是已列入儲備人員名單中的人員。

3.接受過晉級培訓課程達 20 課時以上，需要提供培訓簽到表及教案。

4.符合晉級崗位任職資格要求，其工作能力和工作經驗能夠勝任本項工作。

5.通過晉級考核，且經過公司審核批准。

6.總經理特批者除外。

第 16 條 晉級學歷要求

1.對於組長級以下員工、生產技術人員，要求高中以上學歷。

2.對於主管級人員，要求大專以上學歷。

3.對於經理級人員，要求本科以上學歷。

第 17 條 晉級申請流程

晉級申請流程如下圖所示。

圖 9-1　晉級申請流程圖

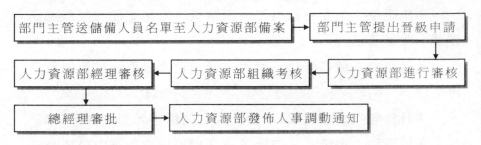

第 18 條 晉級考核

對於已通過本部門主管及人力資源部審核合格者，人力資源部負責對其進行考核，考核指標按人事考核、理論知識考核、部門主管考核三項進行。晉級考核採用百分制，具體考核方法如下表所示。

表 9-4　晉級考核方法一覽表

考核項目		權重	考核內容	考核主體	備註
人事考核		10%	人事記錄、獎懲記錄、培訓情況	人力資源部	
理論知識	公共知識	30%	人事相關制度、ISO體系、消防安全等	人力資源部	人力資源部出題並審閱
	專業知識	50%	與所從事崗位相關的專業知識	部門主管	部門主管負責出題並審閱
部門考核		10%	平時的工作表現、工作業績等	部門主管	

第 19 條　每次同崗位試卷要不斷更新，避免出現重覆、多次使用或漏題現象。

第 20 條　每次部門提交試卷時，須將試題標準答案附於試題後面，以便於人力資源批閱。

第 21 條　考核總分低於 75 分者為不及格，駁回晉級申請。延期 3 個月後進行第二次考核，兩次考核均不合格者，在一年之內取消其晉級資格。

第 22 條　對於考核合格人員，人力資源部將其「晉級考核表」和「人事調動申請表」交於最高權限審核，並在公司內進行公佈。「人事調動申請表」如下表所示。

表 9-5　人事調動申請表

姓名		工號		原部門		原職位	
入職時間		晉級職位		執行日期			
申請原因	申請人：						
申請晉級時間		儲備時間					
原崗位薪資級別		晉級後薪資級別					
直接上級審核					簽字： 日期：		
部門主管審核					簽字： 日期：		
人力資源部經理					簽字： 日期：		
副總經理					簽字： 日期：		
總經理					簽字： 日期：		

第23條　各部門若有人員晉級必須於每月15日之前將「人事調動申請表」及晉級人員的「述職報告」交於人力資源部，逾期將延至下月處理。

第24條　每兩個月舉行一次晉級考核，且在奇數月份的中旬舉行，由培訓部負責組織安排。無故缺席人員不給予補考，延至下一次進行考核。

第25條　如果當事人對公佈的晉級考核結果不滿意可以提交「員工晉級考核申訴表」，由人力資源部組織相關部門進行妥善處理，並給予申訴人員客觀、公正的答覆。

第26條　本制度由人力資源部制定，其解釋權和修訂權歸人力資源部所有。

第27條　本制度經總經理審核批准後，自頒佈之日起執行。

二、勝任管理素質培訓的案例

下面是XX公司銷售經理勝任素質模型的構建案例，供讀者參考。

1.初步確定勝任素質指標

通過訪談法、問卷調查、歷史資料查找等方法，分析並匯總，逐條討論，合併相似的指標，並檢查勝任素質是否完整。最終初步得出24項勝任素質指標，如下表所示。

表 9-6　銷售經理勝任素質指標初步列表

勝任素質指標	勝任素質指標	勝任素質指標	勝任素質指標
銷售專業知識	性格外向性	團隊建設和協作能力	創新能力
產品專業知識	靈活性和適應性	果斷決策能力	人際關係營造能力
成本收益意識	銷售策劃能力	領導指揮能力	說服溝通能力
銷售技能	自信心	危機處理能力	個人影響力
信息調查與收集能力	思維分析能力	組織計劃能力	客戶服務傾向
職業興趣取向	書面交流能力	時間管理能力	承受壓力能力

2.將勝任素質指標歸類

　　將上述 24 項素質按個人內在素質、人際關係能力、組織管理能力分類，並調查各個指標的相對重要性，以便確定需要重點測評的素質。下表是分類後素質構成情況及重要程度調查表。

表 9-7　初步勝任素質分類及重要程度調查表

　　填表說明：按各個指標對地區銷售經理勝任工作的重要性進行打分，採用十分制：「1～5 分」表示「一般重要」，「6～8 分」表示「比較重要」，「9～10 分」表示「非常重要」。

測評維度	勝任素質指標	重要程度調查評分		
		1～5分	6～8分	9～10分
知識素質	銷售專業知識			
	產品專業知識			
	成本收益意識			

測評維度	勝任素質指標	重要程度調查評分		
		1～5分	6～8分	9～10分
心理素質	職業興趣取向			
	性格外向性			
	靈活性和適應性			
	自信心			
	思維分析能力			
	承受壓力能力			
	創新能力			
專業技能	信息調查與收集能力			
	銷售技能			
	時間管理能力			
人際溝通能力	書面交流能力			
	人際關係營造能力			
	說服溝通能力			
	個人影響力			
	客戶服務傾向			
組織管理能力	團隊建設和協作能力			
	果斷決策能力			
	領導指揮能力			
	危機處理能力			
	組織計劃能力			

　　統計、分析、調整所獲得的數據，取分數最高的八項素質作為素質測評的最終勝任素質，並對八項素質的行為進行分級定義，如下表所示。

表 9-8　銷售經理勝任素質指標的分級定義表

勝任素質指標	級別	測評得分	各級別的行為定義
組織計劃能力	較弱	1	能夠激發組織成員的積極性，相互啟發補充；懂得運用工作進度表
	中等	2	善於發揮團隊作用，能夠發現並運用他人的優點；善於運用工作進度表、考核表等工具安排工作計劃
組織計劃能力	熟練	3	有目標、系統化地協調工作，能夠為自己和下屬擬訂必要的工作計劃，有計劃地運用材料和資源；擅長組織和安排各種活動，協調活動中人與人之間的關係
	出色	4～5	根據工作要求和現有資源制訂出合理的工作計劃，對工作的優先順序做出準確判斷和安排；考慮各種可能出現的危險和問題，制定工作考察表、工作進度表，並嚴格執行
說服溝通能力	較弱	1	觀點鮮明，能清楚表達自己的立場，闡述的內容有一定的針對性
	中等	2	論證嚴密，通過有力的辯駁維護自己的觀點，並能把握適度讓步和堅持己見之間的分寸

續表

勝任素質指標	級別	測評得分	各級別的行為定義
說服溝通能力	熟練	3	能夠以理服人並接受合理的建議，善於理解他人的建議與意見
	出色	4～5	能夠堅定不移地維護自己正確的觀點，能夠處理一對多的辯駁
際關係營造能力	較弱	1	維持正式的工作關係，偶爾在工作中開始非正式的關係
	中等	2	在工作中與同事、顧客進行非正式地接觸，刻意地建立融洽關係
	熟練	3	在工作之外的俱樂部、餐廳等地與同事、顧客進行接觸，與同事、顧客進行相互的家庭拜訪
	出色	4～5	與同事、顧客變成親密的私人朋友，並能對人際資源進行歸類管理、開發運作，能利用私人友誼擴展業務
團隊建設和協作能力	較弱	1	運用複雜的策略提升團隊的士氣和績效；以公正的態度運用職權
	中等	2	保護組織的聲譽；取得組織所需的人員、資源、信息；確保組織的實際需要得到滿足
	熟練	3	將自己定位為領導者；確保他人接受領導的任務、目標、計劃、趨勢、政策；樹立榜樣，確保完成組織任務

勝任素質指標	級別	測評得分	各級別的行為定義
團隊建設和協作能力	出色	4～5	能擁有號召力，提出令人折服的遠見，激發下屬對團隊使命的興奮、熱情和承諾
思維分析能力	較弱	1	能夠進行因果關係分析，發現問題的基本關係，確定需要執行的活動的先後順序
	中等	2	能把複雜的問題、過程或項目進行系統分析，化繁為簡；能夠把資料中大量的信息有條理地歸類，為決策提供參考
	熟練	3	會考慮討論問題的各個方面之間的聯繫；能識別出問題產生的若干個原因，並分析相應的對策及可能的結果
	出色	4～5	在兩難性問題的討論中，將正反兩方的優缺點分析得很透徹，能抓住問題的實質；能預見性地分析各種可能出現的問題，並尋找出最佳解決策略
果斷決策能力	較弱	1	對存在的問題有一定的理解，能夠分析正反兩個方面的結果；在他人的幫助下，能對情況做進一步的分析
	中等	2	能較全面地分析問題，能夠分析決策的各種結果；能夠提一些建議供他人參考
	熟練	3	能夠運用決策的原則，客觀地分析存在的問題，並採取措施；積極地與他人探討，提出合理建議，為組織提供有力的支援

續表

勝任素質指標	級別	測評得分	各級別的行為定義
果斷決策能力	出色	4～5	善於根據具體情況進行正確地判斷和果斷地決策，對組織在關鍵問題上的發展方向有導向性的價值
客戶服務傾向	較弱	1	為客戶著想，使事情變得更完美，表達對客戶的正面期待
	中等	2	收集客戶的真正需求，找出符合其需求的產品或服務，並讓顧客隨時能找到自己
	熟練	3	重視組織的長期效益，以長遠的戰略眼光解決客戶的問題；站在客戶的角度思考，並做出短期內對組織不利長期內實則有利的決策
	出色	4～5	客戶信賴的顧問：依照客戶的需要和問題，提出有獨特見解的意見；深入參與到客戶的決策過程中，指導客戶如何面對艱難的問題
成本收益意識	一般	1～2	有一定的成本意識，但未採取措施控制成本
	中等	3～4	掌握一定的財務知識，有控制成本的意識，並運用於管理過程中
	熟練	4～5	熟練運用自己掌握的財務知識，採取措施控制成本，從投入、產出的角度來處理銷售業務、管理各個業務部門

三、技術人員技術素質案例

第 1 條 目的

為提高本企業技術人員的技術水準和綜合素質，掌握前沿技術，提高技術創新水準，特制定本管理制度。

第 2 條 技術人員的培訓工作程序

1.調查企業現階段的技術水準及行業技術水準。

2.調查技術人員技術現狀及需要解決的問題。

3.分析以上問題並將問題分類。

4.分析關鍵技術要素和問題。

5.制訂技術人員培訓計劃。

6.設計技術人員培訓課程。

7.確定技術人員培訓方式。

8.按計劃實施技術人員培訓。

9.評估技術人員培訓效果(培訓成效、遺留的問題)。

第 3 條 技術人員培訓計劃

1.技術人員培訓計劃內容應包括培訓目標、培訓時間、培訓地點、培訓方式、培訓講師、培訓課程內容等。

2.制訂技術人員培訓計劃時，應考慮到新進技術人員培訓、技術提升培訓、技術主管培訓等不同人員培訓的差異。

第 4 條 技術人員培訓目標的確定

技術人員培訓目標是提高技術人員的技術水準和綜合素質，具體體現在以下四個方面。

1.培養技術人員對企業的信任感和歸屬感。

2.訓練技術人員工作的方法。

3.改善技術人員工作的態度。

4.提高技術水準，打造行業領先地位。

第 5 條　培訓時間的確定

根據實際情況確定培訓時間，主要考慮以下四個方面因素。

1.企業技術複雜情況。企業技術越複雜，培訓時間越長。

2.所屬行業技術水準。行業技術水準越高，本企業技術水準與之差距越大，所需培訓時間越長。

3.技術人員技術水準。技術人員技術水準及素質越高，所需的培訓時間越短。

4.企業的管理要求。管理要求越嚴，培訓時間越長。

第 6 條　培訓內容的確定

培訓內容因工作需要及技術人員素質而異。總的來說，培訓內容包括以下四大方面。

1.企業技術概況。包括企業的發展歷史、組織結構、技術狀況、技術管理、現有技術與行業水準的差距、新技術等。

2.技術知識。包括主要技術、技巧與操作方法、新技術研究與學習、新產品的研發技術、競爭性產品技術研究、產品生產技術等。

3.相關法律知識。包括知識產權保護、專利使用、技術保密等相關的法律常識。

4.技術創新意識。包括新技術的學習，開拓新技術領域的意識。

第 7 條　培訓方式的選擇

技術人員培訓方式主要有以下五種。

1.普通授課。

2.工作指導。

3.安全研討。

4.錄影、多媒體教學。

5.認證式培訓。

第 8 條　培訓地點的選擇

1.內部培訓地點。採用普通授課、研討、多媒體及錄影教學，培訓地點可以是企業內部會議室，也可以是距離企業較近的培訓場所；若採用工作指導的方式進行培訓，則培訓地點就是技術人員的工作崗位。

2.外部培訓地點。若採用認證培訓的方式進行培訓，培訓地點則是專業培訓機構的培訓教室。

第 9 條　培訓講師的選擇

1.根據培訓內容來選擇。專業技術或新技術的培訓，需由經驗豐富的技術人員、技術總監、相應領域的技術專家來擔任培訓講師；公共課和普通勵志類培訓，可由人力資源部經理或培訓機構的專職培訓講師來擔任。

2.根據培訓講師素質來選擇。培訓講師需要由相關領域的技術專家或企業的技術總監來擔當，同時培訓講師的資歷也很重要，其需要熟悉所講的技術內容以及具有豐富的教學經驗，這樣才能更好地傳授技術。

第 10 條　技術人員培訓的評估

技術人員培訓評估管理規定參見公司「培訓管理規定」中相關規定。

第 11 條 技術人員培訓費用由培訓項目負責人申請，報財務經理和總經理審核，在培訓結束後提供各種財務憑證於財務部報銷，多退少補。

第 12 條 本制度由公司培訓部制定，其修改、解釋權歸培訓部所有。

心得欄

圖書出版目錄

下列圖書是由憲業企管顧問（集團）公司所出版，以專業立場，為企業界提供最專業的各種經營管理類圖書。

1. 傳播書香社會，凡向本出版社購買（或郵局劃撥購買），一律 9 折優惠。

   服務電話(02)27622241　(03)9310960　　傳真(02)27620377

2. 請將書款用 ATM 自動扣款轉帳到我公司下列的銀行帳戶。

   銀行名稱：合作金庫銀行　　帳號：**5034-717-347447**

   公司名稱：憲業企管顧問有限公司

3. 郵局劃撥號碼：**18410591**　郵局劃撥戶名：憲業企管顧問公司

4. 圖書出版資料隨時更新，請見網站　www.bookstore99.com

經營顧問叢書

4	目標管理實務	320 元	47	營業部門推銷技巧	390 元
5	行銷診斷與改善	360 元	52	堅持一定成功	360 元
6	促銷高手	360 元	56	對準目標	360 元
7	行銷高手	360 元	58	大客戶行銷戰略	360 元
8	海爾的經營策略	320 元	60	寶潔品牌操作手冊	360 元
9	行銷顧問師精華輯	360 元	71	促銷管理（第四版）	360 元
13	營業管理高手（上）	一套	72	傳銷致富	360 元
14	營業管理高手（下）	500 元	73	領導人才培訓遊戲	360 元
16	中國企業大勝敗	360 元	76	如何打造企業贏利模式	360 元
18	聯想電腦風雲錄	360 元	77	財務查帳技巧	360 元
19	中國企業大競爭	360 元	78	財務經理手冊	360 元
21	搶灘中國	360 元	79	財務診斷技巧	360 元
25	王永慶的經營管理	360 元	80	內部控制實務	360 元
26	松下幸之助經營技巧	360 元	81	行銷管理制度化	360 元
32	企業併購技巧	360 元	82	財務管理制度化	360 元
33	新產品上市行銷案例	360 元	83	人事管理制度化	360 元
46	營業部門管理手冊	360 元	84	總務管理制度化	360 元

85	生產管理制度化	360 元	145	主管的時間管理	360 元
86	企劃管理制度化	360 元	146	主管階層績效考核手冊	360 元
88	電話推銷培訓教材	360 元	147	六步打造績效考核體系	360 元
90	授權技巧	360 元	148	六步打造培訓體系	360 元
91	汽車販賣技巧大公開	360 元	149	展覽會行銷技巧	360 元
92	督促員工注重細節	360 元	150	企業流程管理技巧	360 元
94	人事經理操作手冊	360 元	152	向西點軍校學管理	360 元
97	企業收款管理	360 元	153	全面降低企業成本	360 元
100	幹部決定執行力	360 元	154	領導你的成功團隊	360 元
106	提升領導力培訓遊戲	360 元	155	頂尖傳銷術	360 元
112	員工招聘技巧	360 元	156	傳銷話術的奧妙	360 元
113	員工績效考核技巧	360 元	159	各部門年度計劃工作	360 元
114	職位分析與工作設計	360 元	160	各部門編制預算工作	360 元
116	新產品開發與銷售	400 元	163	只為成功找方法，不為失敗找藉口	360 元
122	熱愛工作	360 元	167	網路商店管理手冊	360 元
124	客戶無法拒絕的成交技巧	360 元	168	生氣不如爭氣	360 元
125	部門經營計劃工作	360 元	170	模仿就能成功	350 元
127	如何建立企業識別系統	360 元	171	行銷部流程規範化管理	360 元
129	邁克爾·波特的戰略智慧	360 元	172	生產部流程規範化管理	360 元
130	如何制定企業經營戰略	360 元	173	財務部流程規範化管理	360 元
131	會員制行銷技巧	360 元	174	行政部流程規範化管理	360 元
132	有效解決問題的溝通技巧	360 元	176	每天進步一點點	350 元
135	成敗關鍵的談判技巧	360 元	177	易經如何運用在經營管理	350 元
137	生產部門、行銷部門績效考核手冊	360 元	178	如何提高市場佔有率	360 元
138	管理部門績效考核手冊	360 元	180	業務員疑難雜症與對策	360 元
139	行銷機能診斷	360 元	181	速度是贏利關鍵	360 元
140	企業如何節流	360 元	183	如何識別人才	360 元
141	責任	360 元	184	找方法解決問題	360 元
142	企業接棒人	360 元	185	不景氣時期，如何降低成本	360 元
144	企業的外包操作管理	360 元	186	營業管理疑難雜症與對策	360 元

187	廠商掌握零售賣場的竅門	360 元	228	經營分析	360 元
188	推銷之神傳世技巧	360 元	229	產品經理手冊	360 元
189	企業經營案例解析	360 元	230	診斷改善你的企業	360 元
191	豐田汽車管理模式	360 元	231	經銷商管理手冊(增訂三版)	360 元
192	企業執行力（技巧篇）	360 元	232	電子郵件成功技巧	360 元
193	領導魅力	360 元	233	喬·吉拉德銷售成功術	360 元
197	部門主管手冊(增訂四版)	360 元	234	銷售通路管理實務〈增訂二版〉	360 元
198	銷售說服技巧	360 元	235	求職面試一定成功	360 元
199	促銷工具疑難雜症與對策	360 元	236	客戶管理操作實務〈增訂二版〉	360 元
200	如何推動目標管理（第三版）	390 元			
201	網路行銷技巧	360 元	237	總經理如何領導成功團隊	360 元
202	企業併購案例精華	360 元	238	總經理如何熟悉財務控制	360 元
204	客戶服務部工作流程	360 元	239	總經理如何靈活調動資金	360 元
205	總經理如何經營公司(增訂二版)	360 元	240	有趣的生活經濟學	360 元
206	如何鞏固客戶（增訂二版）	360 元	241	業務員經營轄區市場（增訂二版）	360 元
207	確保新產品開發成功(增訂三版)	360 元			
208	經濟大崩潰	360 元	242	搜索引擎行銷	360 元
209	鋪貨管理技巧	360 元	243	如何推動利潤中心制度（增訂二版）	360 元
210	商業計劃書撰寫實務	360 元			
212	客戶抱怨處理手冊(增訂二版)	360 元	244	經營智慧	360 元
214	售後服務處理手冊(增訂三版)	360 元	245	企業危機應對實戰技巧	360 元
215	行銷計劃書的撰寫與執行	360 元	246	行銷總監工作指引	360 元
216	內部控制實務與案例	360 元	247	行銷總監實戰案例	360 元
217	透視財務分析內幕	360 元	248	企業戰略執行手冊	360 元
219	總經理如何管理公司	360 元	249	大客戶搖錢樹	360 元
222	確保新產品銷售成功	360 元	250	企業經營計畫〈增訂二版〉	360 元
223	品牌成功關鍵步驟	360 元	251	績效考核手冊	360 元
224	客戶服務部門績效量化指標	360 元	252	營業管理實務（增訂二版）	360 元
226	商業網站成功密碼	360 元	253	銷售部門績效考核量化指標	360 元
227	人力資源部流程規範化管理（增訂二版）	360 元	254	員工招聘操作手冊	360 元

255	總務部門重點工作（增訂二版）	360 元
256	有效溝通技巧	360 元
257	會議手冊	360 元
258	如何處理員工離職問題	360 元
259	提高工作效率	360 元
260	贏在細節管理	360 元
261	員工招聘性向測試方法	360 元
262	解決問題	360 元
263	微利時代制勝法寶	360 元
264	如何拿到 VC（風險投資）的錢	360 元
265	如何撰寫職位說明書	360 元
266	企業如何推動降低成本戰略	
267	促銷管理實務〈增訂五版〉	360 元
268	顧客情報管理技巧	360 元
269	如何改善企業組織績效〈增訂二版〉	360 元

《商店叢書》

4	餐飲業操作手冊	390 元
5	店員販賣技巧	360 元
10	賣場管理	360 元
12	餐飲業標準化手冊	360 元
13	服飾店經營技巧	360 元
14	如何架設連鎖總部	360 元
18	店員推銷技巧	360 元
19	小本開店術	360 元
20	365 天賣場節慶促銷	360 元
21	連鎖業特許手冊	360 元
29	店員工作規範	360 元
30	特許連鎖業經營技巧	360 元

32	連鎖店操作手冊（增訂三版）	360 元
33	開店創業手冊〈增訂二版〉	360 元
34	如何開創連鎖體系〈增訂二版〉	360 元
35	商店標準操作流程	360 元
36	商店導購口才專業培訓	360 元
37	速食店操作手冊〈增訂二版〉	360 元
38	網路商店創業手冊〈增訂二版〉	360 元
39	店長操作手冊（增訂四版）	360 元
40	商店診斷實務	360 元
41	店鋪商品管理手冊	360 元
42	店員操作手冊（增訂三版）	360 元
43	如何撰寫連鎖業營運手冊〈增訂二版〉	360 元
44	店長如何提升業績〈增訂二版〉	360 元
45	向肯德基學習連鎖經營〈增訂二版〉	360 元

《工廠叢書》

1	生產作業標準流程	380 元
5	品質管理標準流程	380 元
6	企業管理標準化教材	380 元
9	ISO 9000 管理實戰案例	380 元
10	生產管理制度化	360 元
11	ISO 認證必備手冊	380 元
12	生產設備管理	380 元
13	品管員操作手冊	380 元
15	工廠設備維護手冊	380 元
16	品管圈活動指南	380 元
17	品管圈推動實務	380 元

28	輕鬆排毒方法	360 元
29	中醫養生手冊	360 元
30	孕婦手冊	360 元
31	育兒手冊	360 元
32	幾千年的中醫養生方法	360 元
33	免疫力提升全書	360 元
34	糖尿病治療全書	360 元
35	活到 120 歲的飲食方法	360 元
36	7 天克服便秘	360 元
37	爲長壽做準備	360 元
38	生男生女有技巧〈增訂二版〉	360 元
39	拒絕三高有方法	360 元

《培訓叢書》

4	領導人才培訓遊戲	360 元
8	提升領導力培訓遊戲	360 元
11	培訓師的現場培訓技巧	360 元
12	培訓師的演講技巧	360 元
14	解決問題能力的培訓技巧	360 元
15	戶外培訓活動實施技巧	360 元
16	提升團隊精神的培訓遊戲	360 元
17	針對部門主管的培訓遊戲	360 元
18	培訓師手冊	360 元
19	企業培訓遊戲大全（增訂二版）	360 元
20	銷售部門培訓遊戲	360 元
21	培訓部門經理操作手冊（增訂三版）	360 元
22	企業培訓活動的破冰遊戲	360 元
23	培訓部門流程規範化管理	360 元

《傳銷叢書》

4	傳銷致富	360 元
5	傳銷培訓課程	360 元
7	快速建立傳銷團隊	360 元
9	如何運作傳銷分享會	360 元
10	頂尖傳銷術	360 元
11	傳銷話術的奧妙	360 元
12	現在輪到你成功	350 元
13	鑽石傳銷商培訓手冊	350 元
14	傳銷皇帝的激勵技巧	360 元
15	傳銷皇帝的溝通技巧	360 元
17	傳銷領袖	360 元
18	傳銷成功技巧（增訂四版）	360 元

《幼兒培育叢書》

1	如何培育傑出子女	360 元
2	培育財富子女	360 元
3	如何激發孩子的學習潛能	360 元
4	鼓勵孩子	360 元
5	別溺愛孩子	360 元
6	孩子考第一名	360 元
7	父母要如何與孩子溝通	360 元
8	父母要如何培養孩子的好習慣	360 元
9	父母要如何激發孩子學習潛能	360 元
10	如何讓孩子變得堅強自信	360 元

《成功叢書》

1	猶太富翁經商智慧	360 元
2	致富鑽石法則	360 元
3	發現財富密碼	360 元

《企業傳記叢書》

| 1 | 零售巨人沃爾瑪 | 360 元 |

2	大型企業失敗啓示錄	360 元
3	企業併購始祖洛克菲勒	360 元
4	透視戴爾經營技巧	360 元
5	亞馬遜網路書店傳奇	360 元
6	動物智慧的企業競爭啓示	320 元
7	CEO 拯救企業	360 元
8	世界首富　宜家王國	360 元
9	航空巨人波音傳奇	360 元
10	傳媒併購大亨	360 元

《智慧叢書》

1	禪的智慧	360 元
2	生活禪	360 元
3	易經的智慧	360 元
4	禪的管理大智慧	360 元
5	改變命運的人生智慧	360 元
6	如何吸取中庸智慧	360 元
7	如何吸取老子智慧	360 元
8	如何吸取易經智慧	360 元
9	經濟大崩潰	360 元
10	有趣的生活經濟學	360 元

《DIY 叢書》

1	居家節約竅門 DIY	360 元
2	愛護汽車 DIY	360 元
3	現代居家風水 DIY	360 元
4	居家收納整理 DIY	360 元
5	廚房竅門 DIY	360 元
6	家庭裝修 DIY	360 元
7	省油大作戰	360 元

《財務管理叢書》

1	如何編制部門年度預算	360 元
2	財務查帳技巧	360 元
3	財務經理手冊	360 元
4	財務診斷技巧	360 元
5	內部控制實務	360 元
6	財務管理制度化	360 元
8	財務部流程規範化管理	360 元
9	如何推動利潤中心制度	360 元

為方便讀者選購，本公司將一部分上述圖書又加以專門分類如下：

《企業制度叢書》

1	行銷管理制度化	360 元
2	財務管理制度化	360 元
3	人事管理制度化	360 元
4	總務管理制度化	360 元
5	生產管理制度化	360 元
6	企劃管理制度化	360 元

《主管叢書》

1	部門主管手冊	360 元
2	總經理行動手冊	360 元
4	生產主管操作手冊	380 元
5	店長操作手冊（增訂版）	360 元
6	財務經理手冊	360 元
7	人事經理操作手冊	360 元
8	行銷總監工作指引	360 元
9	行銷總監實戰案例	360 元

《總經理叢書》

1	總經理如何經營公司(增訂二版)	360 元
2	總經理如何管理公司	360 元
3	總經理如何領導成功團隊	360 元

4	總經理如何熟悉財務控制	360元
5	總經理如何靈活調動資金	360元

《人事管理叢書》

1	人事管理制度化	360元
2	人事經理操作手冊	360元
3	員工招聘技巧	360元
4	員工績效考核技巧	360元
5	職位分析與工作設計	360元
7	總務部門重點工作	360元
8	如何識別人才	360元
9	人力資源部流程規範化管理（增訂二版）	360元
10	員工招聘操作手冊	360元
11	如何處理員工離職問題	360元

《理財叢書》

1	巴菲特股票投資忠告	360元
2	受益一生的投資理財	360元
3	終身理財計劃	360元
4	如何投資黃金	360元
5	巴菲特投資必贏技巧	360元
6	投資基金賺錢方法	360元
7	索羅斯的基金投資必贏忠告	360元
8	巴菲特為何投資比亞迪	360元

《網路行銷叢書》

1	網路商店創業手冊〈增訂二版〉	360元
2	網路商店管理手冊	360元
3	網路行銷技巧	360元
4	商業網站成功密碼	360元
5	電子郵件成功技巧	360元
6	搜索引擎行銷	360元

《企業計畫叢書》

1	企業經營計劃	360元
2	各部門年度計劃工作	360元
3	各部門編制預算工作	360元
4	經營分析	360元
5	企業戰略執行手冊	360元

《經濟叢書》

1	經濟大崩潰	360元
2	石油戰爭揭秘(即將出版)	

建立企業圖書館

當市場競爭激烈時：

培訓員工，強化員工競爭力
是企業最佳對策

「人才」是企業最大的財富。如何提升人才，是企業永續經營、戰勝對手的核心競爭力。積極培訓公司內部員工，是經濟不景氣時期的最佳戰略，而最快速的具體作法，就是**「建立企業內部圖書館，鼓勵員工多閱讀、多進修專業書籍」**

建議您：請一次購足本公司所出版各種經營管理類圖書，作為貴公司內部員工培訓圖書。 使用率高的（例如「贏在細節管理」），準備 3 本；使用率低的（例如「工廠設備維護手冊」），只買 1 本。

最暢銷的企業培訓叢書

	名稱	說明	特價
1	培訓遊戲手冊	書	360 元
2	業務部門培訓遊戲	書	360 元
3	企業培訓技巧	書	360 元
4	企業培訓講師手冊	書	360 元
5	部門主管培訓遊戲	書	360 元
6	團隊合作培訓遊戲	書	360 元
7	領導人才培訓遊戲	書	360 元
8	部門主管手冊	書	360 元
9	總經理工作重點	書	360 元
10	企業培訓遊戲大全	書	360 元
11	提升領導力培訓遊戲	書	360 元
12	培訓部門經理操作手冊	書	360 元
13	專業培訓師操作手冊	書	360 元
14	培訓師的現場培訓技巧	書	360 元
15	培訓師的演講技巧	書	360 元

上述各書均有在書店陳列販賣，若書店賣完，而來不及由庫存書補充上架，請讀者直接向店員詢問、購買，最快速、方便！

請透過郵局劃撥購買：

戶名：憲業企管顧問公司

帳號：18410591

培訓叢書㉓　　　　　　　　售價：360 元

培訓部門流程規範化管理

西元二○一一年八月　　　　　　　　初版一刷

編著：王小龍

策劃：麥可國際出版有限公司（新加坡）

編輯：蕭玲

校對：洪飛娟

發行人：黃憲仁

發行所：憲業企管顧問有限公司

電話：(02) 2762-2241　　(03) 9310960　　0930872873

臺北聯絡處：臺北郵政信箱第 36 之 1100 號

郵政劃撥：18410591 憲業企管顧問有限公司

江祖平律師顧問：紙品書、數位書著作權與版權均歸本公司所有

登記證：行政業新聞局版台業字第 6380 號

本公司徵求海外版權出版代理商（0930872873）

本圖書是由憲業企管顧問（集團）公司所出版，以專業立場，為企業界提供最專業的各種經營管理類圖書。

圖書編號 ISBN：978-986-6084-15-7